一本书读懂

博弈论

徐文 —— 著

中国致公出版社·北京

图书在版编目（CIP）数据

　　一本书读懂博弈论 / 徐文著. -- 修订版. -- 北京：
中国致公出版社，2023.12
　　ISBN 978-7-5145-2177-1

　　Ⅰ.①一… Ⅱ.①徐… Ⅲ.①博弈论 – 通俗读物
Ⅳ.① O225-49

　　中国国家版本馆 CIP 数据核字（2023）第 203393 号

一本书读懂博弈论 / 徐文著
YIBEN SHU DUDONG BOYILUN

出　　版	中国致公出版社	
	（北京市朝阳区八里庄西里 100 号住邦 2000 大厦 1 号楼西区 21 层）	
发　　行	中国致公出版社 （010-66121708）	
责任编辑	胡梦怡	
封面设计	沈加坤	
责任印制	龚君民	
印　　刷	嘉业印刷（天津）有限公司	
版　　次	2023 年 12 月第 1 版	
印　　次	2023 年 12 月第 1 次印刷	
开　　本	710 mm × 1000 mm　1 / 16	
印　　张	14	
字　　数	185 千字	
书　　号	ISBN 978-7-5145-2177-1	
定　　价	50.00 元	

博弈论，又叫对策论，是研究两人或多人之间竞争合作关系的一门学科。用我们日常的语言来说，博弈论就是研究在不同情境下选择策略的一种理论。它既是经济学的一个重要学科，又是现代数学的一个新分支。

在经济学上，博弈论是一个非常重要的理论概念，通过使用严谨的数学模型来解决现实生活中的各种利害冲突问题。具体来说，博弈论是指某个人或是组织在一定的环境条件和规则约束下，依靠所掌握的信息选择并实施各自所倾向的行为或是策略，从中取得相应结果或收益的过程。

博弈论思想古已有之，早在 2000 多年前，博弈论的原始思想即已萌芽。古代著作中不乏充满博弈思维的案例，如《孙子兵法》《三十六计》等，不仅是优秀的军事著作，而且可以算是很好的博弈论教材，只不过还没有上升到现代博弈论的层次而已。

博弈论最初主要研究的是象棋、围棋，以及赌博中的胜负问题。那时候，人们对博弈局势的把握只停留在经验层面上，并没有向理论层面发展，其正式发展成一门学科则是在 20 世纪初。

1928 年，美籍匈牙利数学家冯·诺伊曼提出了博弈论的基本原理，并与经济学家摩根斯特恩合作，于 1944 年发表了《博弈论与经济行为》一书，提出了合作博弈的基本模型，并将二人博弈结构推广到多人博弈结构。自此，博弈论被引入经济领域，奠定了这一学科的基础和理论体系。人们都把冯·诺伊曼和摩根斯特恩的这部巨著看作是现代博弈理论诞生的标志。

现在，博弈论作为分析、解决冲突和合作的理论工具，已经在管理学、国际政治学、经济学、外交学和社会学等领域得到了广泛的应用，为解决不同实体的冲突与合作提供了宝贵的方法，并日渐发展成为一门热门学科。

博弈论是一门现实中非常有趣、理论上又颇有深度的学问。可以毫不夸张地说，掌握博弈论知识对每一个现代人来说实在是太重要了。因为在现实社会中，每个人都在试图使自己的利益最大化，而在获得利益的过程中，往往会产生矛盾与冲突。利益均衡的实现主要取决于各自的策略选择，而策略选择问题实际上就是博弈论的本质所在。

第一章　博弈论，共赢才是硬道理

第二章　难以逾越的市场经营策略

第三章　智者因时而动

第四章　进与退的两难选择

第五章　打破思维定式的束缚

第九章　神奇的概率

第十章　相互矛盾的悖论

第十一章　公共知识：大家都知道的知识

第十二章　信息时代，如何打好信息战？

第一章

博弈论，共赢才是硬道理

什么是囚徒困境？

囚徒困境是博弈论中著名的案例之一。所谓囚徒困境，大意是这样的。

有一天，某富翁在家中被杀，财物被窃。警方在侦破此案的过程中，抓到了汤姆、杰克两个犯罪嫌疑人，并从他们的住处搜出了被害富翁家中丢失的财物。面对呈现在眼前的物证，他们承认了自己的偷窃行为，但却矢口否认杀害富翁，辩称是先发现富翁被杀，然后他俩只是顺手牵羊偷了点儿东西。

针对两人的狡辩，警方对他们进行了隔离审讯。为了分化瓦解他们，检察官分别对两人说了以下一段话：

本来你们的偷盗罪证据确凿，可以就此判你们 1 年刑期。但是，按照将功赎罪制度，如果你主动坦白并且揭发同伙的罪行，我们将对你从轻发落，判你无罪释放，但你的同伙要被判 30 年刑期；如果你顽抗到底，拒不坦白，而被同伙检举出你的杀人行为，那么你就要受到严惩，将被判刑 30 年，你的同伙将被无罪释放；当然，如果你们两人都坦白，那么你们都将只判 15 年刑期。

在这里，博弈的决策主体——汤姆和杰克各有两个选择，即坦白和抵赖。

这两个嫌疑犯该怎么办呢？他们面临着两难的选择——坦白还是抵赖。显然，最好的选择是两人都选择抵赖，都得到最好的结果——只判刑1年（杀人罪按照疑罪从无原则，证据不足无法成立，只能以偷盗罪各判每人1年刑期）。但是由于两人处于隔离的情况下，没有串供的条件，所以他们不得不仔细考虑对方可能采取什么策略，以及对方采取的策略对自己有什么影响。

心理较量就这样开始了，汤姆和杰克都是绝对精明的人，都只在乎减少自己的刑期，并不关心自己的选择会对对方产生什么影响，对方因为自己的决策又将被判多少年刑期。

汤姆会这样推理：假如杰克选择抵赖的话，我只要坦白，马上就可以无罪释放，获得自由，而我若抵赖则要坐牢1年，显然坦白比抵赖要划算得多；假如杰克选择坦白的话，我若抵赖，则要坐30年牢，坦白却只坐15年牢，显然还是坦白为上策。所以说，无论杰克选择抵赖还是坦白，我的最佳选择都是坦白，还是坦白交代了吧！

同样，杰克也跟汤姆一样会算计，也会如此推理。

囚徒困境之所以称为困境，就是因为这局博弈的最终结果对两个参与者来说都是最坏的，两个嫌疑犯都选择坦白，结果皆被判刑15年。这对他们个人来说都是从自身利益出发的最佳选择，符合他们的个体理性选择。因为坦白交代者可能会被无罪释放，显然比自己抵赖可能会独自承受30年刑期要好。而原本对双方都有利的策略——两个人都抵赖，每人被判1年刑期就不会出现。

囚徒困境是典型的非合作博弈的范例，为我们探讨合作是怎样形成的提供了极为形象的解说方式，其产生不良后果的原因是两个嫌疑犯都从利己目的出发，最终损人不利己，合作没有实现。反过来我们就可看到：彼此达成合作是最好的利己策略，但合作必须符合以下黄金定律："己所不欲，勿施于人。"在此基础之上的合作才能形成一个和谐的、良好的社会环境。

在囚徒困境中，最好的策略直接取决于对方所采用的策略，取决于对方所采取的策略为双方发展合作留出多大的空间。独立于对方所用策略之外的、从利己目的出发的、最好的决策是不存在的。

实际上，囚徒困境是现实生活中许多现象的一个抽象概括，有着广泛而深刻的意义。同一行业不同企业之间激烈的价格竞争就是囚徒困境的典型现象。在价格博弈中，只要双方都以对方为敌手，只关心自己的利益，那么不管对方采取怎样的决策，自己采取低价策略总会占便宜，就如同囚徒困境中的犯罪嫌疑人始终认为自己坦白为最佳决策一样，这就促使双方都采取低价策略。如可口可乐公司和百事可乐公司之间的价格竞争、各大航空公司之间的价格战等等。

如果双方进行合作，共同制定比较高的价格，就可以避免无休止的价格大战并获得较高的利润。但是这些企业往往处于利益驱动的囚徒困境之中，双赢也就成了泡影。不同企业之间五花八门的价格联盟总是非常短命，原因也就在这里。

合作，有时是不得已而为之

农村某地方有一个只有上官、欧阳两户人家的小居民点。由于地点偏僻，交通不便，两户人家与外界的交流十分困难，急需修一条通向外界的公路。假设修这条路的成本为 4 个单位，每户人家从修好的这条路上获得的好处为 3 个单位。如果没有中间人协调，上官、欧阳两家就各自打着自己的小算盘：

若两家共同出钱联合修路，每家平均分摊修路成本 2 个单位，则每户人家获得的好处为 1（3-2=1）个单位。当只有一户人家出钱修路而另一家坐享其成时，修路的那户人家付出 4 个单位的成本，却只得到 3 个单位的好处，获得的纯盈利为 -1（3-4=-1）个单位，也就是得不偿失，倒贴 1 个单位，结果是亏损的；而坐享其成的一家却可以使用修好的公路（修路人并不拥有道路的占有权，总不能因为修了路就不让邻居走），白白获得 3（3-0=3）个单位的好处；如果上官、欧阳两家都不修路，两家的纯盈利皆为 0。归纳起来，是否修路的得失情况如图所示：

修路博弈		欧阳	
		修	不修
上官	修	1，1	-1，3
	不修	3，-1	0，0

对上官家来说，若欧阳家修路，我家也修路，会获得 1 个单位的好处，而我家不修路，则会获得 3 个单位的好处，显然修路是劣势策略；若欧阳家不修路，我家修路，则净亏损 1 个单位，而我家不修路，则不赢也不亏，修路还是劣势策略。因而上官家决定不出钱修路。同理，欧阳家也会选择不修路。最终修路博弈的结局将是：两家都不动手，大家都得零。这就应了英国历史学家麦考莱的一句话："大家的事情反而无人管。"

一般情况下，若上官只有欧阳一家邻居，欧阳也只有上官一家邻居，两家多半会互帮互助，好好商量修路的问题，合力把路修好，大家都得到方便。但是如果出现极端情形，如两家有仇，那就另当别论了。但是，这两种情形都不在博弈论讨论的范围之内。如果不附加说明，博弈论讨论所牵涉的参与者，都是经济学上的理性人：他们并没有私人恩怨，也不是世代友好，而只是具有自私本性但并不刻意损害他人利益的人类一员。

公共品和私人品的性质不一样。私人品是纯属私有私用，别人很难占到什么便宜。但公共品就不一样了，不管由谁提供出来，大家都可以共享。典型的如公园里的长椅，只要有人出钱出力设置好了，所有行人都可以坐下休息，哪怕他没有为此做出丝毫贡献。那么，这长椅由谁来设置呢？让大家共同受惠的公共事情又由谁来管呢？

这就是公共品供给的囚徒困境：如果大家都只考虑到自己的得失，只打自己的"小算盘"，结果是谁也不付出，得过且过，也就排除了合作共赢的前景。所以，公共品问题一定要有人协调和管理，大家的事情要有专人进行协调管理，这也是政府的主要职能之一。对于一个国家来说，最重要的公共品是国防公安、基础设施、科教文卫等。政府责无旁贷地要用来自纳税人的钱，把科教文卫、基础设施和国防公安等属于大家的事情做好。

在修路博弈中，为了解决这条通往外界公路的修建问题，需要政府牵头，强制性地分别向上官、欧阳两家各征税 2 个单位，然后投入 4 个单位的成本修建好这条能给两家都带来好处的公路。有句俗语不是说"要想富，先修路"嘛，路修好了，就可以使两户居民的生活水平在一定程度上得到改善。通常也只有政府出面，才能解决谁都不愿意去修建公共设施的问题。

非合作博弈

"选 A 还是选 B"这个问题不仅让富有实战经验的商人们苦恼不堪，也同样折磨着商学院的天之骄子们。一位教授让自己班上的 27 名学生进行一个博弈游戏，这个博弈会把所有学生带入囚徒困境之中。

游戏规则如下：

假设每一个学生都是一家企业的老板，现在他必须决定自己选择 A——代表着生产高质量的商品来维持较高价格，还是选择 B——代表着生产假货以通过别人所失来换取自己所得。学生选择 A 可奖励 2 元，选择 B 可奖励 2.15 元。但选择 A 将产生总体收益：1 名学生选择 A，总体收益为 2 元；2 名学生选择 A，总体收益是 4（2×2=4）元，依次类推……选择 B 将无总体收益可言。同时，将选择 A 的学生所产生的总体收益平均分给这 27 名学生。

这是教授事先设计好的一个博弈，以确保每个选择 B 的学生总比选择 A 的学生多得 0.15 元。这个假定也有其现实意义，因为生产质次的假货所付出的成本总比生产高质量的商品要低，反过来，其利润当然要高。

但是，选择 B 的人数越多，就意味着选择 A 的人数越少，则他们的总体收益就会越少，总体收益越少，平均分到每个人手中的收益就越少。这个假设也有道理，随着市场上充斥着的假货的增多，消费者便会逐渐地认清它们的面目，就会理性地不再购买它们，这就直接导致了假货生产者（游戏中指选择 B 的学生）利润的减少。而且，市场上出现的假货太多，市场秩序就会混乱，该产品的信誉就会降低，这也直接损害了高质量产品生产者（游戏中指选择 A 的学生）的利益。

假设 27 名学生都选择 A，那么他们每人各得 2 元，且总体收益是 54（2×27=54）元，将 54 元平均分配给 27 名学生，也是每人 2（54÷27=2）元，则每名学生最后的实际所得为 4（2+2=4）元。

假设有 1 名学生有了自私自利的打算，偷偷改变主意，选择 B。那么，选择 A 的学生就有 26 名，每人各得 2 元，总体收益是 52（2×26=52）元，将 52 元平均分配给全班 27 名学生，每人各分得 1.9（52÷27 ≈ 1.9）元，则选择 A 的学生最后的实际所得为 3.9（2+1.9=3.9）元，比原来少得 0.1 元；而选择 B 的那个学生最后可得 4.05（2.15+1.9=4.05）元，比原来多了 0.05 元。

假设有 2 名学生改变主意，改选 B，则有 25 名学生选择 A，每人各得 2 元，总体收益是 50（2×25=50）元，将 50 元平均分配给 27 名学生，每人可分得 1.85（50÷27 ≈ 1.85）元，则选择 A 的 25 名学生最后每人各得 3.85（2+1.85=3.85）元；而选择 B 的那 2 名学生最后每人各得 4(2.15+1.85=4)元。

假设有 3 名学生改选 B，那么，选择 A 的学生就有 24 名，每人各得 2 元，总体收益是 48（2×24=48）元，将 48 元平均分配给全班 27 名学生，每人可分得 1.78（48÷27 ≈ 1.78）元，则选择 A 的学生每人各得 3.78（2+1.78=3.78）元；而选择 B 的 3 名学生每人各得 3.93(2.15+1.78=3.93)元。

……

假设全班 27 名学生为了尽可能地使自己的收益达到最大，一致选择自私的策略，统统选择 B，则总体收益是 0 元，最后每名学生各得 2.15 元。

由以上分析可以看出，当只有 1 名学生选择 B 的时候，该学生能获得最大收益 4.05 元，其余 26 名学生相对会蒙受一点儿损失，只能获得 3.9 元。反过来，如果他们进行合作，协同行动，不惜将个人的收益减至最小，都选择 A，则每个人都能获得最大收益 4 元。选择 B 的学生人数越多，每个人的最后收益越少。

演练这个博弈的时候，起初每名学生都被相互隔离开，不允许讨论，单独做选择。全班 27 名学生无疑都像囚徒困境中的嫌疑犯一样，都是聪明绝顶的理性人，个个精于算计，为了多获得 0.05 元，不约而同地都选择了 B。

后来教授允许学生之间相互讨论，以便达成共识。结果同意合作而选择 A 的学生总数从 3 人到 14 人不等。在最后一次带有约束性协议的博弈里，只有 4 名学生愿意选择 A。此时，全体学生的总收益是 65.45[$2 \times 4 + 2.15 \times (27-4) + 2 \times 4 = 65.45$] 元，比全体学生成功合作可以得到的总收益 108（$2 \times 27 + 2 \times 27 = 108$）元减少了 42.55（$108 - 65.45 = 42.55$）元。

这个游戏也可以看作是非合作博弈的又一典型模式，并且比囚徒困境更深刻地揭示了人自私自利的本性。这一模式说明了这样一种情况——处于相同困境状态下，各方都不知道别人的选择，因而只能猜测每个人都是绝对的理性人，最后必将背叛其他人，从自己的利益出发，做出最有利于自己的选择。

处于困境中的人们与困境之间是一种不可逆转的关系，也就是说当他们无法通过自己的力量去左右局势，使集体收益最大时，就只能在困境的局势下想办法尽可能让自己的损失最小，收益最大。

这个游戏在现实社会中也极具代表性。比如，某村有一块公共草地可供牧民放牧，每个牧民都清楚地知道增加自己养羊的数目，可以增加收入。但由于是共属大家的草地，没有人会去关心草地的承载极限，于是羊越来越多，草越来越少。最后草地空了，草没了，羊也没了。这是一个带有悲剧性的博弈过程。当出现类似情况的时候，就需要有外界力量对其进行干预，制定相应规则，从而使草地得到最合理的利用，大家才能真正得到实惠。

绩效考核的上下博弈

企业老板为促使员工之间互相竞争，努力工作，有时会故意在员工之间形成囚徒困境。为了形成这种激励员工卖力工作的囚徒困境，老板可以采取这一策略：奖励表现最好的员工，并淘汰未达工作标准的员工。假如员工都接受了这场博弈，那么他们就会兢兢业业地工作了。

假设某公司开发出一种新产品，并招聘了 20 个业务员来对它进行推销，此时作为公司老板的你，要如何决定每个业务员的工作量呢？由于这种产品过去在市场上从来没有出现过，所以你根本无法评估能干又勤奋的业务员每个月到底能卖多少产品。

解决的唯一办法就是根据相对绩效标准来评估每个业务员的表现，也就是拿他们的工作业绩进行相互比较，给予销售量高的业务员额外的奖励。此时，相对绩效评估标准将会使所有业务员陷入积极工作的囚徒困境之中。

以甲、乙两个业务员之间的博弈为例，甲、乙都可以选择每月工作 20 天或 25 天。虽然由于此项工作本身具有特殊性，跑外的业务员不同坐办公室上班的员工，老板无法准确判断业务员的实际工作时间，但是他们也不是全然就没有了管束，老板可以根据每月月底各个业务员的销售业绩，对他们这个月的工作状况逐一进行考核。一般情况下，每月工作 25 天的业务员推销出的产品会比每月工作 20 天的业务员要多。

对公司而言，只要两个业务员的工作时间一样，就会得到相同的评价。在这种情况下，两个业务员若要得到相同的评价，很可能会选择集体偷懒。因为每个人都偷懒时，大家的表现就会不相上下，显然会选择每月工作 20 天，而不会选择每月工作 25 天。当然，两个业务员都会失去成为业务精英的机会，但放弃这个机会而换取舒适的工作环境，也许是很值得的。

不过，老板针对此种情况而设计的囚徒困境却迫使他们不得不延长工作时间。假如甲每月工作 20 天，乙工作 25 天，乙就会得到高等的评价，获得奖励；要是甲每月工作 25 天，但乙每月只工作 20 天，那么乙将会受到老板的批评，饭碗可能就保不住了。所以对甲、乙来说，每月工作 25 天是他们的最佳选择。

虽然员工们都想轻松度日，在工作中偷懒，但当公司老板以相对评估标准来衡量员工工作业绩时，囚徒困境的形成就使得某一员工很难说服别人一起偷懒。退一步想，假如员工互相串通，集体偷懒，相对标准所形成的囚徒困境遭到瓦解，老板要怎么做才能激励员工努力工作呢？此时，就必须采取客观的绩效评估标准，把表现不佳的人毫不留情地开除。

合作协议的约束力

严格的囚徒困境形成的前提条件是参与博弈的各方不可以进行合作，不能够制定有约束力的合作协议。但是在实际生活中，合作是社会文明的基础，这已得到先哲们的认可，哲学家卢梭写了《社会契约论》一书，他认为契约是整个人类社会存在的前提条件。联系实际生活，兴修水利、组织国防、创建企业等不都是因合作而实现的吗？

当然，我们现在所说的以签订协议的方式来走出囚徒困境，是存在一定的限定条件的，即博弈必须重复若干次，至少多于一次。对于一次性博弈而言，签订协议是毫无意义的。

何谓重复博弈、一次性博弈呢？

以恋爱博弈为例，重复博弈是指男女双方在长期交往的过程中，随时都在进行着的博弈，因为相爱的过程中任何一个时点都是有可能分手的。无数爱情故事中的悲欢离合、跌宕起伏正是重复博弈的表现。而那种素不相识的男女，偶尔在酒吧中相遇，于是玩乐一场，拂晓之后就分道扬镳的一夜情，就是典型的一次性博弈。

实际上，在重复型的囚徒困境中，签订合作协议并不是很困难，困难的是合作协议达成之后，是否对博弈各方具有很强的约束力，能够使得博弈参与者都不会有私自改变主意的行为，比如由爱情而引出的婚姻。俗话说"婚姻是爱情的坟墓"，但从博弈论的角度来看，婚姻恰恰是男女双方签订的一种具有一定约束力的协议，一旦某一方背叛婚姻，他就会遭受家庭的压力与社会舆论的谴责。

现在，博弈论专家已经用数学知识证明，在无数次重复博弈的情况下，合作是一种相对稳固的状态。因为任何一次背叛都会导致对方在下一轮博弈中进行报复，而双方都采取合作态度则会带来合作收益，两方都相安无事地共处下去。

如何与对手达成合作?

在囚徒困境中，我们已经知道了这样一个道理：从个体的眼光看，决策目标是在与对手的一系列对局中尽可能地使自己的利益最大化。这使得博弈参与者会受到背叛总体利益的短期诱惑，总是想赢对方，结果可能得不偿失。因为对方也会全力反击，导致双方都难以全身而退，造成两败俱伤的局面。

在这种情况下，即使双方都没有继续对抗下去的意愿，但开弓没有回头箭，他们也只能咬紧牙关，硬着头皮撑下去。但是与对方建立合作却可以使双方都得到更多的长期利益。

在陷入囚徒困境时应如何表现，才能尽可能地与对手达成合作呢？以下是对参与者的两个简单的建议：

◇不要嫉妒

在大多数博弈中，人们都习惯于考虑零和对局：一方赢，就预示着另一方必输。然而，生活中的大多数对局都是非零和的，不是此消彼长的关系，而是双方都可以做得比较好或是比较差。双方达成合作是极有可能的，只是并不一定都能实现而已。

人们在很多情况下都倾向于采用相对标准，把对方的成功与自己的成功对立起来，认为对方成功了自己就一定失败。采用这种标准的直接后果就是会引发人的嫉妒，导致参与者企图用自己选择的策略抵消对方已经占有的优势。

在囚徒困境的模式下，抵消对方优势的唯一途径就是背叛。这样便会进入一个恶性循环的怪圈，一次背叛会导致更多的背叛和双方都受到惩罚的结局。可以说，嫉妒的出发点是自我保护，但其结果却是自我毁灭。

在任何一局非零和的博弈中，都没有必要非得比对方做得好。要求自己比对方做得好不是一个很好的目标，除非你想消灭对方。因为这个目标在大多数情况下是不可能或者说是很难实现的。尤其是当你要和许多不同的对手打交道时，就更不要去嫉妒对方的成功。因为在重复型囚徒困境中，其他人的成功是你成功的前提。

举一个大家都比较熟悉的例子。一家商店从供应商那儿购买商品，嫉妒供应商的利润是完全没有必要的。任何由嫉妒而引起的企图通过不按时付账等不合作行为来减少供应商利润的做法，都是对自己不利的鲁莽举动，都将激起供应商诸如拖延发货、不愿意打折或者不提供市场变化信息等的报复行为，商店就会为自己的嫉妒心理付出极大的代价。

◇不要首先背叛，要小聪明

博弈论专家通过辩证法分析指出：只要对方有意合作，你也积极配合，促成合作，就会有好处。对方是否有合作意愿的最好的表现就是你的出发点是否善良，是否不首先背叛。

当博弈一方以一些不善良的意图为出发点行事时，往往会使用相当复杂的方法来试探自己的这个出发点能否逃脱对方的惩罚。比如尝试在第一步背叛，如果结果显示对方进行报复的话，就马上撤回。或者是在背叛前等待十几步，看对方能否被哄骗或偶尔被占便宜。如果能的话，那就更频繁、更肆无忌惮地增加背叛的砝码，直到受到对方的反击再被迫撤回。

但需要指出的一点是，这些尝试背叛的策略表现得都不怎么好。因为背叛策略的实施者没有考虑自己的行为可能引起的对方的变化，事实上对方对你所采取的策略是有反应的，他将会把你的行为看作是你是否会同意合作的信号。你自己的行为会映射到你自己身上，自食其果，由此而导致的冲突的代价是很高的。

当然，你也可以尝试一种比较保险的方式，即先背叛对方直到对方提出合作才开始合作。然而，这是一个理论上较保险，而实际上很有风险的策略，因为你最初的背叛可能引起对方的报复，使你处于要么被占便宜，要么彼此背叛、两败俱伤的两难境地。如你发现被对方报复了，再惩罚对方的报复，而对方再对你的惩罚进行报复……这种循环就会一直延续下去，后果可想而知。

有的参与者会耍一些小聪明，比如采取相当复杂的策略，以至于打乱对方的常规思维，让对方摸不准自己的思路而陷入不知所措的困境。当然，对方也会采取一个随机的策略，如果你给对方的感觉是无反应的，对方当然就猜不透你是如何想的，自然也感受不到来自你的促成合作的激励，也就不会去积极地促成合作。策略复杂到不可理解时是非常危险的。

共赢才是硬道理

现在，人们对博弈论的研究非常广泛，以至于有人形象地说："最新的经济学和管理学都已经用博弈论的理论和工具重新写过了。"虽说有些夸张，但也绝非毫无根据，博弈论在现代生活中确实占了很大比重。博弈参与者有很多有趣且富于哲理的选择策略，适用于重复博弈的"一报还一报"就是其中之一。

"一报还一报"策略大致是这样的：它总是以合作开局，但从此以后就采取"以其人之道，还治其人之身"的策略，采用对方上一步的选择。也就是说，"一报还一报"意味着在对方每背叛一次之后，自己就背叛一次，但永远不先背叛对方。

"一报还一报"是一种综合了善意性、宽容性、报复性、适应性和清晰性的合作策略，无论对于个人还是组织，其行为方式都有很大的指导意义。总的来说，它比竞赛中的其他策略都好。

◇"一报还一报"的善意性

"一报还一报"策略放弃了占他人便宜的可能性，永远不先背叛对方，永远不先把自己的利益建立在他人的损失之上。从这一特点来看，它是善意的。因为采用以占便宜为出发点的策略引发的问题是多种多样的。

首先，如果一个参与者用背叛来试探是否可以占他人的便宜，那么他就得冒被那些可能被激怒的规则遵守者报复的风险；其次，双方的报复一旦开始，就会陷入恶性循环之中，双方都很难全身而退。而"一报还一报"的这种善意性可防止博弈参与者陷入不必要的麻烦之中。

"一报还一报"的善意性使得其实施者从来不会在游戏中比对方少得太多好处。事实上，他也不可能比对方多得好处。因为这个策略总是让对方先背叛，这就注定了策略实施者的被背叛次数肯定比对方少或者和对方一样。所以"一报还一报"不是让实施者得到与对方一样多的好处，就是得到的好处比对方略少。

"一报还一报"之所以会获得比其他任何策略更多的总体利益，就是因为它不是靠打击对方取胜，而是引导对方做出对双方都有好处的行为。

◇"一报还一报"的宽容性

"一报还一报"策略还给出了一个简单但又很有力量的建议：无论对方的选择是合作还是背叛，策略实施者都要给予回报。在下一轮博弈中对对手的前一次合作给予简单的回报，哪怕以前这个对手曾经背叛过自己。并且"一报还一报"总是在对方每次背叛之后只报复一次，这一点足以说明其具有宽容性，它的这种宽容性有助于重新恢复合作。

◇"一报还一报"的报复性

"一报还一报"策略的运用者会采取背叛的行动来惩罚对手前一次的背叛，从这个意义上来说它又是具有报复性的。"一报还一报"策略的运用者从不先背叛对方，但是不管过去的关系如何好，它总能被对方的一次背叛激怒，而迅速做出反应，给予相同程度的报复行为。它的这种报复性使对方试着背叛一次之后就不敢再背叛，增大了再次合作的概率。

◇ "一报还一报"的适应性

"一报还一报"能在众多的策略中独占鳌头，比其他任何策略表现得都好，足以说明它是一个很具适应性的策略。它不仅可与最初的各种策略相处得很好，而且能与那些未来可能在群体中占较大份额的成功策略相处得很好。它只会在与其他成功的策略相互交流时繁荣起来，而决不会毁坏自己已经得到的进一步改善状况的基础。任何想占"一报还一报"便宜的策略最终将伤害自己，屈服于"一报还一报"。

◇ "一报还一报"的清晰性

"一报还一报"在竞赛中能够取得成功的另一个重要原因是它具有很强的清晰性，极易被对方理解，从而引出长期合作。策略实施者让对方清楚地意识到自己愿意合作是"一报还一报"成功的诀窍所在。当你选用"一报还一报"策略时，对方很容易理解你在干什么，接下来要干什么，是打算合作还是想要背叛，接着会根据你的反应而做出相应的回应。

在博弈过程中，你的任何一次背叛都容易被对方感受到，进而迫使对方采取一对一的报复。而你所做的任何一次促进合作的努力，对方也会在第一时间感受到。此时，对方能轻易地分析出应付你"一报还一报"的最好方式就是与你合作，互利互惠。当你遇到对方使用"一报还一报"策略时，也只有马上和他合作才是你最佳的选择，这样你将可以在下一步博弈中得到合作。

"一报还一报"策略的伟大胜利，对人类和其他生物的合作行为的形成具有深远意义。阿克塞尔罗德在《合作的进化》一书中指出："'一报还一报'策略能引发社会各个领域的合作，包括在最无指望的环境中的合作。"

最明显的例子是，在第一次世界大战中"自己活，也让他人活"原则的产生。当时，在前线的战壕里，军队纪律规定自己的士兵不准乱开枪杀人，希望促使对方也这么做。结果证明，这个原则得到了很好的实行，给了当时陷入困境数月的双方军队相互了解、相互适应的机会。

即使是"一报还一报"这种有效的破解囚徒困境的策略，也不是万能的，也难免会产生两败俱伤的危险。

首先，当"一报还一报"策略重复使用的时候，就会使博弈双方陷入循环报复的局面，致使任何一方都难以脱身；其次，由于"一报还一报"的核心是对对方的任何行为都要给予及时有效的回报，就是说当遭遇他人侵犯时也一定会"以牙还牙"，毫不妥协。

但必须强调的一点是，这种策略的前提是"人不犯我，我不犯人"，这样可大大降低博弈参与者相互伤害的概率。总的来说，"一报还一报"策略还是利大于弊，应该算是破解囚徒困境的理想策略。

第二章

难以逾越的市场经营策略

纳什与纳什均衡

1994 年诺贝尔经济学奖被授予了三位对博弈论做出奠基性贡献的学者：美国数学家纳什、美国经济学家海萨尼和德国波恩大学教授泽尔腾。这标志着博弈论已经成为现代经济学的一个重要组成部分。大名鼎鼎的纳什从囚徒困境中得到启发，提出了在博弈论中占据核心位置的"纳什均衡"。

纳什的一生极富传奇色彩。1950 年 6 月 13 日，纳什在 22 岁生日那天，他获得了数学哲学博士学位；1957 年与来自萨尔瓦多的艾里西亚结婚，第二年获得了麻省理工学院的终身职位。纳什不到 30 岁就已经闻名遐迩，曾被美国著名的《财富》杂志推举为同时活跃在纯数学和应用数学两个领域的天才数学家中最杰出的人物、美国最耀眼的科学新星。

可在盛名的顶峰，在向学术巅峰攀升的大好年华，病魔袭击了纳什，纳什患了妄想型精神分裂症。这使他在以后的生活里，长期饱受着思维与情绪错乱的困扰，精神分裂症使他几乎成为一个废人。从 1959 年开始，他上课的时候会语无伦次，演讲的时候会说一些毫无意义的内容。因为实在无法继续工作，纳什辞去了麻省理工学院的教职。

纳什完全被病魔控制，往昔才华横溢的天才少年，变成了一个衣着怪异，喜欢在黑板上乱写乱画留下些稀奇古怪的信息，热衷于给政治人物写一些奇怪的信，游荡在普林斯顿大学数学系和物理学系所在的范氏大楼的，满怀忧伤的幽灵。

但在亲人、朋友的照顾和普林斯顿人的呼唤下，经历了长期病痛折磨的纳什竟然在 20 世纪 80 年代奇迹般地康复了。他不但可以与人正常交谈，还能够灵活使用在被精神分裂症折磨的 30 年时间里不断更新换代的计算机。

差不多就在这个时候，纳什成了 1985 年诺贝尔经济学奖候选人，但最终没能获奖。究其原因，与其说是瑞典皇家科学院对他贡献的认识尚不足，不如说是人们对他当时的心智状态仍存有疑虑，毕竟纳什因精神疾病不能工作是众所周知的事实。而诺贝尔奖获奖者又必须到瑞典首都斯德哥尔摩，面对国王和王后向瑞典皇家科学院发表一篇通俗、得体的答词。人们担心那时神志还不完全清醒的纳什做不到这一点。此外，获奖者总得有个头衔才说得过去，而在那时，纳什什么都没有。

当岁月的车轮驶进 1994 年的时候，博弈论获奖的势头开始上涨，是瓜熟蒂落的时候了。但纳什此时还是什么头衔也没有。在这个紧要关头，出自同一师门的纳什的同学、普林斯顿大学数学系和经济学系著名数理经济学家库恩教授发挥了重要的作用。

库恩等人向诺贝尔委员会申明，如果因为身体状况就剥夺纳什获得诺贝尔奖的权利，是不合理的。待库恩等人的坚持有了初步的正面回应后，库恩又向普林斯顿大学数学系建议，给予纳什"访问研究合作者"的身份。库恩教授的努力没有白费，纳什终于在 1994 年走上了诺贝尔经济学奖的领奖台。

纳什的故事还被美国好莱坞搬上了银幕——《美丽心灵》。该影片是一部以纳什的生平经历为基础而创作的人物传记片，获得了许多电影奖项，几乎包揽了 2002 年电影界的所有最高奖项。感兴趣的读者可以看看这部感动心灵的好莱坞经典电影，通过电影你可以对纳什有更全面、更直接的了解。

城市商业中心的形成

政治、经济等各个领域的任何一次博弈最终都会形成一个结果，达到一种平衡，比如一件衣服在买卖双方的讨价还价后成交，这个成交价就是买方与卖方的平衡点，这样的结果被称为纳什均衡。

纳什均衡又被称为非合作博弈均衡，是由美国数学家纳什提出的一种最常见、最重要的博弈均衡。它是博弈论中第一个重量级的概念。纳什均衡主要描述了博弈参与者的这样一种均衡：在这一均衡下，每个参与者都确信，任何一方单独改变策略，偏离目前的均衡位置，都不会得到好处。

为了进一步说明纳什均衡的意义，我们可以以日常生活中一些司空见惯的现象为例进行阐述。

在大大小小的城市街道上，我们经常会见到这么一个大家都很熟悉的现象：某一地段上的商店十分拥挤，形成了一个繁荣的商业中心区，但另一些地段却十分偏僻，没什么商店。再仔细观察，你还会发现一个更有意思的现象：同类型的商家总是聚集在一起，比如肯德基、麦当劳两家快餐店紧紧相邻；沃尔玛、家乐福相隔不远，相依为伴……

这是什么缘故呢？纳什均衡理论就能够对这些现象做出科学的解释。让我们看一个快餐店定位博弈的例子。

假设有一条笔直的公路，公路上每天行驶着大量来往的车辆，并且车流量在公路的任何位置都是一样的。现在设想有两家快餐店A、B，分别要在这条公路上选择一个位置开张，招揽来往车辆。他们所卖的东西口味差不多，价格也相当。那么，两家快餐店具体开在公路的哪个位置好呢？

为了分析的需要，我们要对该模型做一个合乎逻辑的假定：因为食物口味相近，价格也无多大悬殊，司机到哪个快餐店购买食物，仅仅取决于哪个快餐店离自己比较近。反正东西、价格都一样，何必舍近求远呢？根据这个原则，两个快餐店应该怎样确定自己的位置呢？

也许，你马上会说把这条公路四等分，快餐店A设在1/4的位置上，快餐店B设在3/4的位置上，不就是最好的策略选择吗？的确，从资源的最佳配置来看，这种均匀分布的情况是最优的，每家快餐店都拥有1/2的顾客量。同时，对于司机来说，这种策略会使司机们到快餐店的总距离最短，可大大缩短吃饭时间。

然而，人生不如意事十之八九，天并不总能遂人之愿。快餐店老板作为当代生意人，自然是精明至极的，用经济学术语来说，就是他们具有绝对的经济理性。只要手段合法，他们总是希望自己的顾客尽可能地多，生意尽可能地红火，至于其他人的生意好坏则与自己无关。也就是说，任何一家快餐店老板肯定不会考虑另一家快餐店生意的好坏和司机的方便，而只会以自己赢利为目的。这就决定了他们都不会安于1/4、3/4这样的位置安排。

出于这种理性考虑，A快餐店的老板会想：如果我将快餐店的位置从1/4点处稍微向中间的1/2点处移一点儿，那么我的势力范围就会比先前所定的位于1/4点处那种方案的要大。相应地，B快餐店的地盘就会缩小，我肯定会从B快餐店夺取部分顾客，生意会更红火。这对于A快餐店单方面来说无疑是一个好主意。所以，原来位于1/4点处的A快餐店就有了向1/2

点处移动来扩大自己地盘的激励。

当然，B 快餐店的老板也不甘示弱，作为一个经济理性人，他也会有将自己的快餐店从 3/4 点处向中间的 1/2 点处移动的激励，扩大自己的地盘，争取更多的顾客。可见，原来 A 快餐店在 1/4 点处、B 快餐店在 3/4 点处的配置并不是稳定的配置。

那么，两家快餐店究竟移到哪个位置上才是稳定的位置呢？不难想象，在两个快餐店定位的博弈中，位于 1/4 点处的 A 快餐店要向中间的 1/2 点处靠，位于 3/4 点处的 B 快餐店也要向中间的 1/2 点处挤，双方博弈的最后结局将是两家快餐店都设置在中间点附近的位置上，两家相依为邻且相安无事地做自己的快餐生意。这是纳什均衡的位置。

如果不是两家快餐店，而是很多家快餐店，也很容易对其进行分析得到结果：这些快餐店仍然会在公路的 1/2 点处附近设店以达到纳什均衡。因为在这个位置上，不管是哪家快餐店，只要单独移开一点儿，就会丧失 1/2 点处的市场份额，所以谁都不会偏离中间点的位置。

开头所说的一些日常生活中大家熟悉的现象的产生原因，现在可以说是十分明了了。只要承认只关心自己眼前商业利益的理性人的存在，且条件许可，那么同类型的商家将几乎趋向于相依为邻，挤在中间点就是唯一稳定的策略选择。这也完全可以看作是公平的市场竞争的合理结果。这就是城市商业中心形成的原理。

读者可能会说，实际生活中的情况似乎并不全是这样。当然也有例外的，但那一定是其他因素作用的结果。

一种可能是中间点位置的房租特别高，根据成本－收益分析，靠近中间点位置所争取的顾客带来的利润抵不上房价高出的那部分支出，店主觉得不划算。再有一种可能是两家快餐店都服从于一个协调机构，协调机构从方便司机就餐的角度考虑，希望两家快餐店互相礼让，分别设在 1/4 点处和 3/4 点处。还有一种极特殊的可能是，两家快餐店实际上是同一个总店的两家分店，肥水不流外人田，他们当然会选择在 1/4 点处和 3/4 点处开店。

警察与小偷的博弈

是不是所有博弈都存在一个纯策略（指参与者在其策略空间中选取的唯一确定的策略）的纳什均衡点呢？答案是否定的。除了上面述说多次的、大家比较熟悉的纯策略均衡点外，有的博弈并没有一个确定的、唯一的策略，而是存在一个混合策略（指参与者采取的不是确定的唯一的策略，而是在其策略空间中以概率来选择不同策略）均衡点。下面我们将以警察与小偷的博弈为例，对混合策略均衡点进行说明。

某小镇只有一名巡逻警察，他一个人要负责整个镇的治安。假定该小镇主要分为 A、B 两区，A 区有一家建设银行，B 区有一家金银首饰店。再假定这个小镇有一个小偷，要对该镇实施偷盗行为。因为没有分身术，警察一次只能在一个区巡逻；而对于小偷来说，一次也只能去一个地方行窃。

假定 A 区建设银行需要保护的财产为 2 万元，B 区首饰店的财产价值 1 万元。若警察在 A 区巡逻，而小偷也恰巧选择去了该地，小偷就会被警察当场抓住，该区建设银行的 2 万元财产就不会损失；若警察在 A 区巡逻，而小偷却选择去了 B 区，因没有警察的保护，小偷偷盗成功，B 区首饰店的 1 万元财产将分文不剩，全落进小偷的腰包。

在这种情况下，警察要怎样巡逻才能使效果最好呢？

如果按照先前的思路——只能选取一个确定的唯一的策略，那么明显的做法是：警察在 A 区巡逻，可以保护该区建设银行的 2 万元财产不被偷窃。而小偷去 B 区，偷窃一定成功，B 区首饰店的 1 万元财产尽归小偷所有。也就是说警察的收益是 2 万元，而小偷的收益是 1 万元。

但是，这种做法是警察的最佳策略吗？存不存在一种更好的策略或者说能不能对这种策略进行改进呢？

若警察在 A 区或 B 区巡逻，而小偷也正好选择去 A 区或 B 区，则小偷无法实施偷盗，此时警察的收益为 3（保住 A 区建设银行和 B 区首饰店共 3 万元财产），小偷的收益为 0（没有收益），记作（3，0）。

若警察在 A 区巡逻，而小偷去 B 区偷盗，此时，警察的收益为 2（保住 A 区建设银行 2 万元财产），小偷的收益为 1（成功偷盗 B 区首饰店 1 万元财产），记作（2，1）。

若警察在 B 区巡逻，而小偷去 A 区偷盗，此时，警察的收益为 1（保住 B 区首饰店 1 万元财产），小偷的收益为 2（成功偷盗 A 区建设银行 2 万元财产），记作（1，2）。

警察与小偷的收益可写成如下的收益矩阵：

警察与小偷博弈		小偷	
		盗窃 A 区	盗窃 B 区
警察	巡逻 A 区	3，0	2，1
	巡逻 B 区	1，2	3，0

由上面分析，我们可以得出这个博弈没有纯策略纳什均衡点，只有混合策略均衡点。在混合策略均衡点下，双方的策略选择是其最优策略选择。

此时，警察的一个最佳选择是：用抽签的方法决定去 A 区巡逻还是去 B

区巡逻。因为 A 区建设银行的财产价值是 B 区首饰店的两倍，所以用两个签（比如 1，2）代表去 A 区巡逻，一个签（比如 3）代表去 B 区巡逻。如果抽到 1，2 号签，就去 A 区巡逻；如果抽到 3 号签，就去 B 区巡逻。这样警察就有 2/3 的概率去 A 区巡逻，1/3 的概率去 B 区巡逻，其概率的大小与巡逻地的财产价值成正比。

而小偷的最优选择也是同样以抽签的办法决定去 A 区行窃还是去 B 区偷盗，只是与警察相反：小偷抽到 1，2 号签去 B 区行窃，抽到 3 号签去 A 区行窃。那么，小偷就有 1/3 的概率去 A 区偷盗，2/3 的概率去 B 区偷盗。

上面所说的警察与小偷所采取的策略便是混合策略。

按上述混合策略，警察的总期望收益是 7/3 万元，与只巡逻 A 区得 2 万元的收益的策略相比，明显得到了提高。

原因如下：

当警察去 A 区巡逻时，小偷有 1/3 的概率去 A 区偷盗，2/3 的概率去 B 区偷盗，此时，警察巡逻 A 区的期望收益为 7/3（1/3×3+2/3×2=7/3）万元；当警察去 B 区巡逻时，小偷同样有 1/3 的概率去 A 区偷盗，2/3 的概率去 B 区偷盗，此时，警察巡逻 B 区的期望收益为 7/3（1/3×1+2/3×3=7/3）万元。警察的总期望收益为 7/3（2/3×7/3+1/3×7/3=7/3）万元。

同理，我们也可知小偷采取混合策略的总期望收益是 2/3 万元，比得 1 万元收益的只偷盗 B 区的策略（前提是警察只巡逻 A 区）要差。

当博弈一方所得为另一方所失时，对于博弈的任何一方而言，此时只有混合策略均衡点，而不可能有纯策略的纳什均衡点。

企业薪酬的纳什均衡

纳什均衡揭示的普遍意义可以使我们更深刻地理解一些常见的经济、政治等日常生活中的博弈现象。下面我们将从纳什均衡的角度来讨论一下企业对员工的薪酬策略。

对博弈的任何一次理性讨论都是建立在一定的假设条件之上的，这次也不例外，下面我们将要讨论的纳什均衡理论指导下的企业对员工的薪酬策略的假设条件如下：

企业的最终目标是实现利润最大化，也就是说企业始终会把支付给员工的薪酬作为支出成本来对待；

博弈的参与者是同行业或同地区的几家实力相当的企业；

核心员工普遍觉得所在企业的薪酬水平偏低，有转行或另觅其他企业的倾向。

针对这种情况，企业在纳什均衡理论的指导下，应如何采取有效的薪酬策略呢？

总的来说，企业有两种策略可供选择：提高薪酬水平，留住人才；保持薪酬水平，任人才流失。

因为核心员工觉得企业的薪酬偏低，有离开公司的打算，所以就我企业而言，只要提高薪酬水平，就可以留住企业现在的核心员工，还可吸引其他企业的优秀员工选择加入。这就使得其他企业会面临人才危机，而我企业则人才济济，蒸蒸日上，前景一片光明。

如果我企业对员工的薪酬保持不变，而其他企业的薪酬水平提高，那么我企业的核心员工将会跳槽，致使我企业陷入人才危机，可能还会使得生产无法正常进行下去。而其他企业由于我企业核心员工的加入，将会如虎添翼。

但是，如果我企业与同一行业的其他企业联手，一齐提高薪酬水平，同样可以留住现有人才，还可以把其他行业或其他地区的人才吸引过来，但是"一分付出，一分收获"，"收获"其他行业或其他地区的优秀员工的代价是要付出高额的薪酬成本。

任何一个企业都是从利己的目的出发的，基于这样的认识，所有企业都会选择保持对员工的薪酬水平不变。因为同一行业的所有企业对员工的薪酬水平不变就意味着企业的薪酬成本不会增加，自己企业的核心人才只能选择放弃本行业或本地区，而转行或另觅其他城市，显然要比人才都跳到同行业或同地区的其他企业要好。

这种策略很明显是一种损人（损害员工的利益）利己（增加企业的利润）的策略。这将使得原本对员工、企业都有利的策略（提升员工的薪酬水平）和结局（留住且吸引更多人才）不会出现。企业都选择的这种对员工的薪酬保持不变的策略，以及因此而导致的优秀人才流向其他行业或其他地区的结局被称为企业薪酬的纳什均衡。

对员工薪酬采取的这种策略在各类型的企业中相当普遍，针对这种情况，我们认为企业可以从以下两个方面进行相对改善：

企业要树立人力资本的观念。转变先前那种把员工的薪酬视作支出成本的陈旧意识，将员工的薪酬视为企业对人力资本的一种长期投资，从人力资本方面实现企业的可持续发展；

加强企业间的交流沟通，共创人才市场的双赢。虽说商场如战场，可是适当的合作可以更好地、更充分地分享人才市场这块大蛋糕。而现实情况是不仅企业内部各部门、各员工之间的薪酬是保密的，同行业或同地区的企业之间的薪酬更是被视为企业机密。

从上述的"纳什均衡"我们可以看到，核心员工都跳到其他行业或其他地区的结局并不是对双方都有利的，所以企业间就存在着寻找更佳选择的激励。而竞争企业之间完全可以通过"串通"达成合作，相约提高薪酬标准以留住优秀人才，使其潜能得到充分发挥，为企业再创效益。

覆巢之下安有完卵?

纳什均衡对亚当·斯密"看不见的手"的原理提出了挑战。亚当·斯密的理论认为:在市场经济中,每一个人都是从利己的目的出发的,但最终全社会会达到利他的效果。但是,纳什均衡理论却告诉我们,每一个人都是从利己的目的出发的,但结果却是损人不利己,它反映了个体理性和集体理性的矛盾。囚徒困境如此,快餐店定位也是如此,我们接下来要说的顽猴博弈亦是如此。

将一群猴子关在一个笼子里,主人每天都要打开笼子抓一只猴子,然后当着其他猴子的面把这只猴子杀掉。条件反射使这群猴子形成一个共识:不要被主人抓走,因为抓走就会被杀掉。所以每次当主人靠近笼子要抓猴子时,猴子们都极度紧张,畏缩在一起面面相觑,不敢有任何举动,生怕引起主人的注意而被选中杀掉。

当主人把目光定格在其中一只猴子的身上时,其他猴子马上远离这只猴子,统统缩在笼子的另一边,希望主人赶快下定决心把它抓走。当主人把这只猴子抓走时,没有被选中的猴子就非常高兴,在一旁幸灾乐祸地看着被选中的猴子拼命反抗,直到这只猴子被杀掉。可这样的过程不是一次性的,而是重复进行的,日复一日,最终所有猴子都被主人杀了。

我们假想一下，如果这群猴子从意识到被抓去就是被杀的那一刻起，群起反抗，当主人抓它们当中的任何一只时，其他猴子都上去抓挠主人，主人迫于它们集体的压力，或许会高抬贵手，放它们一马。

然而，每只猴子都不知道其余的猴子是否会和它一样进行反抗，假如自己单独反抗而其他猴子按兵不动，那自己就有被主人注意而被选中宰杀的危险。于是，在猴子的潜意识里形成了一种某只猴子被抓走，其他猴子"事不关己，高高挂起"的纳什均衡。因此，它们都不愿意带头反抗，而最终结果是全体猴子都没有摆脱被宰杀的命运。

不要以为只有猴群才会出现这样的悲剧，人类在这方面的教训更是惨痛。

德国牧师马丁·尼莫拉的一首诗被刻在美国波士顿犹太人屠杀纪念碑上，可以说是对人类所形成的这种自私的纳什均衡的绝妙注解，全文如下：

起初他们追杀共产主义者，我没有说话，因为我不是共产主义者；

接着他们追杀犹太人，我没有说话，因为我不是犹太人；

后来他们追杀工会会员，我没有说话，因为我不是工会会员；

后来他们又追杀天主教徒，我没有说话，因为我是新教徒；

最后他们奔我而来，那时已经没有人能站起来为我说话了。

可见"沉默是金，开口是银"并非是人类永恒智慧的箴言，它也可能是自私狭隘的"事不关己，高高挂起"。沉默？言语？福兮？祸兮？这就是上面那首诗留给我们的思考题。

在大部分情况下，我们都喜欢保持沉默，并对在公共场合喋喋不休的人报以怨言。但在有些时候，我们没有保持沉默的权利，必须开口。看到别人掉进不幸、苦难的陷阱里，不要庆幸自己没有落难，我们生活的世界充满陷阱，怎么能够保证自己、自己的家人及子孙后代不身陷其中呢？覆巢之下安有完卵？就算我们再独善其身，可环境充满危险，我们又如何自保？

请谨记一句话：对一个人的不公，就是对所有人的威胁。

第三章

智者因时而动

情侣博弈

博弈无处不在，连卿卿我我的情侣之间也不例外，并且他们之间的博弈还有一个专门的名称——情侣博弈。情侣博弈原来的标准说法是性别之战，也有人翻译为夫妻博弈。它与我们前面介绍的博弈类型有所不同，在这一博弈中，先采取行动的一方往往更有优势。

情侣还讲什么博弈？你可能会发出这样的疑问。其实，即使是情侣，双方的爱好或者偏好也是不尽相同的。情侣博弈讲的就是如胶似漆的甜蜜情侣因偏好差异而引发的对局形势。

张森和刘荔是一对热恋中的情侣，由于不在同一个城市工作，平时很少有机会在一起共度浪漫时光，只有周末两个人才可以聚在一起。难得的周末又到了，安排什么节目好呢？

这周六晚上电视里要转播一场拳王争霸赛，很多知名选手都将参加。张森是个超级健身迷，大型拳击赛事他从来都不会错过。

正好是这个周六的晚上，俄罗斯一个著名芭蕾舞团来演出柴可夫斯基的舞剧《天鹅湖》。刘荔最喜欢歌舞剧、交响乐等高雅艺术，她岂肯放过自己最崇拜的偶像柴可夫斯基的《天鹅湖》呢？

如果张森和刘荔是两个毫无关系的人，那么这个问题就很好解决：张森在家里看拳王争霸赛，刘荔去剧院看舞剧演出就行了。可问题就出在他们是热恋中又时常见不着面的情侣，分开度过难得的相聚日，恐怕是他们最不乐意的事情。那么，怎样安排周六的节目呢？张森和刘荔就面临着一场如何做出选择的博弈。

我们不妨定量地对他们进行分析：

如果两人都待在家中看拳王争霸赛，张森的满意度最高，设为 2。刘荔没能看成自己喜欢的舞剧，本来满意度应设为 0，但因为能和心爱的恋人待在一起，满意度就由 0 变为了 1。

如果两人一起去剧院看演出，刘荔的满意度最高，也设为 2。而张森因有恋人刘荔的陪伴，虽看不成拳王争霸赛，但满意度由 0 变为了 1。

如果张森留在家中看拳王争霸赛，而刘荔去歌剧院看演出，虽然双方各取所需，但因为分开过难得的周末，双方的满意度都为 0。

还有一种应该不会出现的情况：就是刘荔在家看拳王争霸赛而张森去剧院看演出。但这里还是把它写出来，设双方的满意度都为 −1。

对张森来说，刘荔在家看拳王争霸赛，自己也看拳王争霸赛的满意度为 2，而自己去剧院看舞剧的满意度为 −1——在家看拳王争霸赛合算；假如刘荔执意要去剧院看舞剧，张森也看舞剧的满意度为 1，而留在家中看拳王争霸赛的满意度为 0——去剧院看舞剧合算。

由此可知，张森没有"不论刘荔采取什么策略，我采取这个策略总比采取别的策略好"的严格优势策略，刘荔决定去剧院看舞剧或者在家看拳王争霸赛，他的最佳选择就是陪着，即自己的最优策略取决于对方的选择。

同样的道理，刘荔也没有严格优势策略，张森决定在家看拳王争霸赛或者去剧院看舞剧，她的最优选择也是陪着。

显然，在情侣博弈中，双方都留在家中看拳王争霸赛和都去剧院看舞剧，就是博弈中的两个纳什均衡，即对整体而言，双方满意度最高的两个结局。但最后结局究竟会落实到哪一个纳什均衡上，这是博弈论本身无法解决的问题。

虽然这样的结局对个体来讲不是最优的，但自己的少许让步却可以换来情侣组合整体的最高满意度，同时这也是自己相对较高的满意度。一旦处于这样的位置，任何一方就都不想单独改变策略，因为单独改变没有好处，其结果是缺少情侣的陪伴，造成整体满意度的急剧下降。

常言道"先下手为强"。情侣博弈的结果在大多数情况下会体现出先动优势，即先采取行动的一方会占据一些优势，获益多一些。

比如，在两人还没有商量周六如何安排时，刘荔先打电话跟张森说："亲爱的，我最爱看的《天鹅湖》周六晚上在剧院上演，我们一起去看好不好？"他们是热恋中的情侣，既然刘荔已经抢先一步提出了去看舞剧，张森还会坚持看拳王争霸赛而扫恋人的兴吗？肯定不会。

反过来，如果是张森先打电话跟刘荔说，想跟她一起看拳王争霸赛，刘荔也同样不会驳张森的面子，而自私地非拉他去看舞剧不可。

智猪博弈

博弈论里有一个十分卡通化的博弈模型，叫作智猪博弈。它讲述的故事大概是这样的：

猪圈里有两头猪：一头大猪，一头小猪。猪圈设计得很长，在猪圈的一端是猪食槽，另一端安装一个踏板，用以控制猪食的供应。猪每踩一下踏板，猪圈另一端的猪食槽就会落下 10 个单位的食物，供两头猪食用。

但是，猪从踏板到猪食槽这段路程里，需要消耗相当于 2 个单位饲料所带来的能量。并且，由于踏板远离猪食槽，踩踏板的猪将比另一头猪后到猪食槽前，从而也会减少其吃食量。

如果两头猪同时踩踏板，然后再一齐跑到猪食槽前吃食，则大猪将会吃到 7 个单位猪食，小猪会吃到 3 个单位猪食，各自减去从踏板到猪食槽之间的劳动耗费 2 个单位，大猪净得 5 个单位猪食，小猪净得 1 个单位猪食。

如果大猪踩踏板，小猪在另一端的猪食槽等着先吃，大猪赶过去再吃，大猪会吃到 6 个单位猪食，小猪会吃到 4 个单位猪食。减掉大猪在踩踏板路途中的劳动耗费 2 个单位，大猪净得 4 个单位猪食，小猪由于没有去踩踏板，也就不存在劳动耗费，净得仍是 4 个单位猪食。

如果小猪踩踏板，大猪在另一端的猪食槽等着先吃，小猪踩完踏板后再赶过去吃，大猪由于先吃，会吃到 9 个单位猪食，小猪只能吃到 1 个单位猪食，再减去踩踏板消耗的 2 个单位猪食，小猪亏损 1 个单位，即净得 −1 个单位猪食。

如果两头猪都选择等待，结果是谁都没有猪食可吃。两头猪的所得均是 0。

智猪博弈的收益矩阵如下表所示：

智猪博弈		小猪	
		踩踏板	等待
大猪	踩踏板	5，1	4，4
	等待	9，−1	0，0

注：表中的数字表示在不同选择下每头猪所能吃到的猪食数量减去踩踏板的消耗之后的净收益。

那么，两头猪各会采取什么策略呢？

不难得出，因为利益分配决定两头猪的理性选择：小猪踩踏板收获甚微（大猪也去踩踏板）或者是亏损 1 个单位猪食（大猪不去踩踏板），不去踩踏板反而得到 4 个单位的猪食（大猪去踩踏板）或者是一无所得（大猪不去踩踏板）。对小猪来说，无论大猪会不会去踩踏板，自己不踩踏板总是最佳选择。于是，小猪将采取"搭便车"行为，舒舒服服地等在猪食槽边。

反观大猪，由于小猪有等待这个占优策略，即小猪是不会去踩踏板的，大猪此时若选择等待，一份猪食也得不到；选择踩踏板还会得到 4 个单位的猪食，所以，等待便是大猪的劣势策略，自己亲自去踩踏板总比不踩强吧，只好亲力亲为，不知疲倦地奔忙于踏板和猪食槽之间。

智猪博弈是一个"多劳不多得，少劳不少得"的均衡。但是，在一个公平、公正、合理和共享竞争资源的环境中，有时占优势的一方最终得到的结果却有悖于他的初始理性。

在现实生活中，这种情况也比比皆是。很多人都争着做那头坐享其成的小猪，只想付出最小的代价，却想得到最大的回报。"一个和尚挑水吃，两个和尚抬水吃，三个和尚没水吃"说的正是这样一个道理。这三个和尚都想做不劳而获的"小猪"，不愿承担起"大猪"的义务，最终导致每个人都无法获得收益。

再比如，新开发的某种产品的性能和功用还不被人所熟知，在其推广过程中，一般只有生产能力和销售能力都比较强的大企业才会花巨资进行铺天盖地的产品介绍活动和广告轰炸，出现这一结果的原因与智猪博弈故事的原理一样。

大企业是"大猪"，中小企业是"小猪"。作为"小猪"的中小企业完全没有必要做出头鸟，即自己投入大量资本做产品宣传，只要尾随"大猪"（大企业），待大企业的广告为产品打开销路，并逐步形成市场后，再推出类似产品，就能赚取一定的利润。这也是为什么占有更多资源者要承担更多义务的原因所在。

枪打出头鸟

某大学公开招聘两名教授，一名教授教经济学，另一名教授教会计学。经过层层考核，最终甲、乙两人得到职位。可招聘并未结束，好戏还在后头，接下来面对的是一个让所有人想不通，但又现实得无法再现实的博弈决策过程。究竟是甲教经济学、乙教会计学，还是甲教会计学、乙教经济学呢？这个选择过程可以说让所有人都大跌眼镜，别急，让我细细为您道来。

在展示这个选择过程之前，我认为有必要为您简单地介绍一下甲、乙两位教授的教育背景、工作经验，以及为了生活，人人都十分关心的一件事情——两个专业的薪酬。

甲、乙两教授都具有相同的学位——会计学硕士学位，就教育背景来说，两人处在同一起跑线上。从工作经验来看，两名教授都有经济学和会计学的教学经验，但甲教授的会计学经验要多于乙教授。

再说薪酬水平。由于种种原因，薪酬一直是比较敏感的话题，通常情况下被当作秘密来对待。当未确定谁教经济学、谁教会计学之前，学校为了避免两位教授的功利心理，以达到人尽其才的目的，特对他们隐瞒了这一信息。

实际情况是：会计学教授的工资是 15000 元 / 月，而经济学教授的工资是 12500 元 / 月。造成这种差异的原因并不是因为会计学更热门，或是说这两个专业教授的工作量有什么不同，而是这所大学准备重点发展会计学专业。

按照一般人的思维，知识就是金钱，经验就是硬道理，甲教授理所当然应获得会计学教授一职，殊不知最后结果正好相反。

学校特意对两位教授隐瞒了工资信息，但并不代表两位教授都不知道。在甲教授与乙教授的职位博弈中，乙教授通过关系，知道了经济学教授与会计学教授的工资标准，而且还了解到：招聘工作进行到目前这一进度，已不可能有新的竞争对手加入。所以，乙教授在与招聘负责人谈适合教哪门课程时，他极力否认自己具有经济学教学经验，甚至声称如果让他去讲授经济学就等于是误人子弟，自己宁可不要这份工作。

而不知内情的甲教授为了证明自己的能力全面，一开始就表明自己会计学和经济学都很擅长，还大谈特谈自己的经济学教学经验。事情发展到这一步，每个人都应该看出了门道，招聘工作已经处于收尾阶段，学校不可能重新进行一轮招聘，根据与他们谈话的情况，最终结果是乙教授获得了会计学教授一职，而甲教授教经济学。

可见，有时全才不如专才，在向外界展示自己知识的时候，隐而不露有时能获得更大的收益。用句很形象的话来描述，就是"枪打出头鸟，刀砍地头蛇"。一个很常见的现象就是任何一个企业内部都存在着各种各样的小团体，每一个小团体代表着一部分人的利益，并且每个小团体还会推选出自己的代言人。这些代言人实际上就是当他所在团体的集体利益与其他团体的利益发生冲突时，去积极行动的领头人。其角色就相当于智猪博弈中的"大猪"。

代言人争取集体利益的行动成功了，这个团体的其他成员就可以毫无风险、名正言顺地坐享代言人的成果；如果行动失败了，这些躲在幕后的"小猪"也可以发表一通"我是受害者，被逼无奈"之类的演讲，让那些勇于出头的"大猪"成为替罪羊。

企业内部要避免这类问题的发生，关键是要提高员工的民主参与能力，让每一个员工都有适合的途径来表达自己的意见与建议，另外，还要加强老板决策的透明度。同时，老板还要有意识地培养员工的团队意识，尽量让小团体向大集体看齐，减少小团体对企业大组织的不良影响。

如何让偷懒的员工不再"搭便车"？

在智猪博弈中，小猪等待、大猪踩踏板的结果是由故事的游戏规则导致的，规则的核心指标是猪食槽每次落下的食物数量和踏板与猪食槽之间的距离。如果改变这两个核心指标，猪圈里还会出现上述"小猪躺着大猪跑"的景象吗？小猪"搭便车"的现象能不能杜绝呢？

先看猪食增减方案：

◇改变方案一：猪食减量方案

每踩一次踏板，另一端猪食槽上方的落食口落下的猪食仅为原来分量的一半，也就是 5 个单位的猪食。其结果必定是小猪、大猪都不去踩踏板了。因为小猪去踩踏板，大猪就会在第一时间将食物吃完；大猪去踩踏板，由于猪食不多，小猪也将会吃掉大部分食物。谁去踩踏板，就意味着为对方做嫁衣，为对方贡献食物，所以谁也不会有踩踏板的行动了。

如果改变指标的目的是想让大猪、小猪都去踩踏板，那么很显然，这一激励制度的设计是失败的。

◇改变方案二：猪食增量方案

每踩一次踏板，落食口落下的猪食为原来的两倍，也就是 20 个单位的食物。这一改变方案的结果是小猪、大猪都会去踩踏板。谁饿了，谁就会去踩踏板。反正对方不可能一下子把食物吃完。大猪、小猪生活在物质丰富的情况下，它们的竞争意识将不会得到任何提高。

对于激励制度的设计者来说，虽然两头猪都去踩踏板了，但成本（猪食量）却增加了一倍，而且因为不需要付出多少代价就可以得到所需食物，所以两头猪都不会有多大动力去增加踩踏板的次数，激励作用明显不足。

再看看移位方案，也就是缩短踏板与猪食槽之间的距离。

◇移位方案一：减量加移位

每踩一次踏板，落食口落下的猪食仅为原来分量的一半，即5个单位猪食，同时缩短猪食槽与踏板之间的距离，将猪食槽移到踏板附近。在这种情况下，小猪和大猪都会拼命地抢着踩踏板。等待者不得食，无论对小猪还是对大猪，等待都是它们严格的劣势策略，只有不停地踩踏板，才有源源不断的食物，并且每次落下的猪食都差不多刚好被吃完。

对于改变规则的设计者来说，这一方案是最好的选择，成本低（猪食量减为原来的一半），且收获大（达到了让两头猪都抢着踩踏板的目的）。

◇移位方案二：增量加移位

一般来说，只要缩短猪食槽与踏板之间的距离，用不着增加猪食投放量，大猪、小猪都会去踩踏板。但是，如果适当增量，小猪会长大，大猪会出栏，效益当然就会提高。

这一方案需要注意的一点是，要很好地把握成本（猪食）增加的度，适当合理的增量更符合组织与个人的需求。

◇移位方案三：猪食量不变加移位

不管投食量变不变，缩短猪食槽与踏板之间的距离，就意味着踩踏板的劳动量减少，根据成本－收益分析，得到的食物完全可以弥补踩踏板的耗费，所以，大猪、小猪都会争着去踩踏板。踩踏板的次数越多，吃到的食物就会越多，这一激励制度的设计将驱动合作机制的形成和生产效率的提高。

对于规则设计者来说，这也是一个不错的方案，成本不高，但收获不小。

原版智猪博弈对我们的启发是：竞争中的弱者在与强者竞争取胜无望时，选择等待为最佳策略。但是对于社会而言，作为弱者的"小猪"的"搭便车"行为会使社会资源得不到最有效的配置，也就是说这并不是一种最佳状态。能否完全杜绝"小猪"的这种"搭便车"行为，就要看规则的核心指标设置得是否恰到好处了。

以公司的激励制度设计为例，若老板奖励员工的力度太大（如工资加倍、增加持股比例等），成本高不说，员工的积极性也不一定能调动起来，这就好比是智猪博弈中增量方案所描述的情形。但若奖励力度不大，而且人人有份（包括不劳动的"小猪"），那么先前十分努力的"大猪"也不会再去做无谓的付出了。这种情况与智猪博弈中减量方案所描述的情形如出一辙。

所以说，公司老板应采取的最好的激励制度应向智猪博弈中减量加移位的方案看齐，奖励并非见者有份，而是根据工作业绩恰当地、合理地、有差别地（如按业务比例提成）直接落实到具体的个人。这样做，公司既节约了成本，又可消除懒惰员工的"搭便车"现象，达到有效的激励效果。

小企业借势生存的策略

低价策略作为市场经济实行优胜劣汰、优化资源配置的一种重要手段，对市场起着独特的作用。但是有目共睹的是，在某些行业，除了一些管理规范的大中型公司以外，还同时存在着一些运作良好的小公司。与大企业相比，小企业无实力可言又要面临价格竞争，但它们却能顽强地生存下来，这与其所选择的策略有着密不可分的关系。

在智猪博弈中，对大猪来说，若小猪去踩踏板，它当然乐于等待在猪食槽旁，待食物落下后一口气吃掉9个单位的猪食；若小猪等待，它也会先去踩踏板再跑回来吃食，如此可净得4个单位的猪食，总比与小猪较劲都选择等待，饿肚子要好。

对小猪而言，无论大猪踩不踩踏板，它最好的策略都是等在猪食槽旁。所以，大猪去踩踏板，小猪等在猪食槽旁先吃，大猪踩完踏板后再赶回来吃，就成了这个博弈的均衡结果。也只有这样，大猪、小猪才可以共同生存，都不至于饿死。

此策略应用到商业竞争中，实力悬殊的公司之间的价格竞争策略也是这个道理。如果你的公司属于弱小的一方，则可以采取以下策略：

◇等待，静观其变

作为弱小的一方，在没有实力去开拓本行业某产品的市场时，最好的策略就是耐心等待，待本行业实力雄厚的大公司通过广告、新闻发布会等手段，使消费者对此产品形成一定的消费理念后，再将自己的品牌定位在较低价格上，以分享大公司旗下主导品牌的强大广告效应所带来的市场机遇。

◇学会满足，不要贪婪

若无经济实力的"小猪"贪得无厌，在分得了大企业开拓的产品市场的一杯羹之后，就得意忘形，企图拿鸡蛋跟石头碰，妄想将"大猪"应得的市场份额也据为己有，这无异于自寻死路。

"小猪"们要时刻清醒地认识到：之所以有自己的存在，百分之七八十的原因都在于大公司的高抬贵手。只要小公司安稳，大公司旗下的主导品牌认为它们不会对自己构成威胁，大公司就会不断投入资金开拓市场。所以，聪明的小公司可以将自己定位在一个引不起主导品牌兴趣，但又确实存在的一个较小的细分市场上，限制自己对主导品牌的威胁，以使大公司对自己放松警惕。

如果你的公司属于实力强大的一派，处在智猪博弈中"大猪"的位置上，则可以选择如下策略：

◇要有宰相的胸襟，接受小公司

作为本行业的主导品牌，大公司不要放弃西瓜捡芝麻，与小公司在蝇头小利上斤斤计较，而要不断加强广告宣传，以开拓本行业所有产品的市场。大公司也不要采取降低价格这种浪费资源的做法与小公司一决雌雄，除非小公司的壮大对本公司构成了真正的威胁。要知道小公司采取的低价格策略也并不是对大公司一点儿好处也没有，最起码小公司的低价格阻止了其他潜在竞争者的涌入。

◇对威胁的限制要清醒

如果小公司的发展壮大确实对自己的存在构成了威胁，大公司就坚决不要手软，迅速以小公司接受不了的超低价对小公司做出进攻性的回击，并且让小公司的领导们清楚地知道，他们在什么样的规模之下才是可以被大公司容忍的，超过这个规模就会招致大公司强有力的甚至是摧毁性的回击。

智猪博弈中大猪、小猪共同生存是有条件的。当大猪的食物份额受到了小猪的严重威胁时，这种共同生存的均衡结果就会被打破。再将其用在解释市场上某一个占主导地位、控制着市场的大公司和一个实力悬殊的小竞争对手之间可能发生的竞争情况上，就是小公司对大公司的威胁程度直接决定了大公司和小公司共同生存的这种均衡结果是否会被打破。竞争双方应对自己的地位和作用有一个清醒的认识，认清自己的利益所在，避免残酷的价格大战的发生。

为什么大股东挑起监督经理的重任？

对现代企业制度（如股份有限公司、有限责任公司等）进行考察，智猪博弈最典型的例子就是股份有限公司中大股东与小股东的行为差异。

在一个股份有限公司中，只有大股东才拥有任免经理的投票权。在一个股份公司里面，按理说应该是所有股东共同承担监督经理的责任，但是监督经理的工作需要花费很大精力和很多时间，也就是说其监督成本是很高的。而大小股东从监督中获得的收益又不一样。在监督成本都一样的情况下，大股东从监督中所获得的收益明显要高于小股东。

所以，股份有限公司的大股东就充当了智猪博弈中"大猪"的角色，他们积极努力地搜集信息、监督经理，因而拥有投票权；而小股东则扮演着"小猪"的角色，不会花那么大的精力去监督经理，因而没有投票权。

举例来说，甲向某股份公司投资了一个亿，是这家股份公司的大股东，乙买了这家公司 100 股股票，为这家公司的小股东。假定公司运营状况较好、盈利较多时的分红是运营状况不好时的几十倍。当然，不管是大股东还是小股东，公司赢利之后，他们都会分得相应的红利，所以他们都希望公司运营得好，但是利益密切程度却相差甚远。

若公司运营得好，甲作为大股东，可分得一千万元的红利，而乙只持有公司的区区百股股票，只可以分到一万元的红利。增加一万元收入固然是好事，但如果这一万元需要乙花费远远超过一万元的代价去密切监督经理的工作才能获得，那么乙作为经济理性人，就没有多少动力去做这桩明摆着就是亏本的生意。

而大股东就不一样了，哪怕花费几万元甚至几十万元的代价雇人监督经理的工作，对他来说也是值得的：几万元、几十万元的监督成本可换来一千万元的红利收入，近百倍的差额收益可落入囊中，何乐而不为呢？

可见，在大小股东密切监督经理工作的博弈中，大股东充当了智猪博弈中"大猪"的角色，而小股东则站在了"小猪"的位置上。大股东因为利益攸关，必然会担当起搜集信息、监督经理的责任，而小股东按兵不动却可以坐享大股东密切监督经理工作而带来的收益。

许多人可能并未读过智猪博弈的故事，但是却在不自觉地像小猪一样"搭便车"。

在一些公共事业领域，有些大公司经常投资于公共设施建设。例如，美国的重要航道上有许多灯塔，这些灯塔大部分都是由大航运公司出钱建造的，这是因为大航运公司船舶多，航班紧凑，迫切需要设置灯塔，以使夜间航船能安全运行。而小航运公司在这方面的积极性就远没有大航运公司高，因为建造灯塔的投资对大航运公司来说是十分值得的，其设置灯塔所获得的效益大大超过了建造灯塔的花费，而小航运公司就可以"搭便车"受益。

一项大家都可享用的公共设施的建设，总是得益最多的一方最乐意力促其成，甚至独担其成本。这是很正常的现象，我们很难以公平作为出发点去指责任何人。

散户投资者：做一头聪明的"小猪"

股票市场是一个群体博弈的场所，其真实的博弈过程非常复杂。在股票买卖交易中，投资者能否及时买入或卖出以获利，不仅依赖于其自身的策略和市场条件，在很大程度上也依赖于其他投资者的选择及策略。

在智猪博弈的故事中，大猪虽然不像小猪那样，有"等待"这个绝对占优策略，但是却有相对的优势策略，就是在小猪别无选择，只有等待时，大猪为了自己有食物吃，不辞辛劳地来回奔跑于踏板与猪食槽之间。虽然这会让小猪坐享其成，但最起码自己不至于挨饿。

股票市场中也不乏这种情形。例如，当庄家花费大量金钱与时间搜集信息、进行技术分析、预测股价走势，在低位买入大量股票时，如果等不及股价上升就抛出，就只有亏损的份儿。因此，基于和大猪一样的贪吃本能，只要情况不是太糟糕，还没有到不可挽回的地步，庄家一般都不会选择卖出股票，而会不断拉抬股价，以求所持股票的增值。

这时的中小散户，就可以不付任何成本，做一头聪明的"小猪"，跟着大户的投资策略，追加对该股的资金投入，让作为"大猪"的庄家力抬股价。当然，庄家的投资策略并不是那么轻易地就会被散户猜透的，所以要当好一头聪明的"小猪"也并不是那么容易的。"小猪"要时刻盯着大盘，一发现这种情况的"猪圈"，就马上冲进去。

在股票市场中，散户投资者与智猪博弈中的小猪一样，自己没有实力承担买卖股票之前的信息分析成本，所以就应该充分利用其资金灵活和不怕被套的优势，发现并选择已经被庄家盯上的股票，根据庄家的买卖操作行动来决定自己是买入还是卖出。

由此看来，在这场中小散户与庄家的博弈中，作为"小猪"的散户，首先是要找到"大猪"（庄家）的那个猪食槽，等到时机成熟时再进入；其次，还要学会特立独行，不要有从众心理。在买入或卖出之前，不用也不需要得到其他"小猪"的赞同，只要紧跟"大猪"就一切 OK，万事大吉。

不过，中小散户需要注意的是：股市中的庄家虽然处在智猪博弈中"大猪"的位置上，但作为高级动物的人类，要比模型中的大猪聪明得多，并且不会像故事中的大猪那样严格遵守游戏规则。他们是不会心甘情愿地为"小猪"们踩踏板的，可能会选择破坏这个博弈的规矩。比如，庄家可以和上市公司串通，散布虚假消息；也可以进行虚假交易——一个投资者以多个身份在多个券商处开户，来回买入卖出股票以抬高或压低某只股票的价格，等等。

第四章

进与退的两难选择

斗鸡博弈

众所周知，"呆若木鸡"这一成语源于古代的斗鸡游戏，现形容人呆板不灵活，像木头鸡一样，形容因恐惧或惊讶而发愣的样子。但其本来意思却与此正好相反，通过阅读下面的典故你就会明白一二。

纪渻子是西周时期训练斗鸡的名家，鉴于他响亮的名声，斗鸡爱好者周宣王把他召来专门训练即将上战场的"鸡战士"。

训练十天后，周宣王迫不及待地问道："鸡训练好了吗？"纪渻子摇摇头，回答说："还不行，它一看见别的鸡或听到别的鸡叫，就跃跃欲试，没有达到我想要的那种境界。"

又过了十天，周宣王再次派人来问训练好了没有。纪渻子皱皱眉，说："还不到火候，这鸡的斗气还没有完全隐藏，心神还相当活跃。"

再过了十天，周宣王有些不高兴地问："现在怎么样啦？该训练好了吧？"纪渻子胸有成竹地说："好了，傲气没有了，斗气深藏了，心神也安定了，可以上战场了。"

周宣王高兴至极，马上去看斗鸡的情况，查验训练的成果。只见那只斗鸡好像木头似的，面对别的斗鸡挑衅的鸣叫，毫无反应，不动也不惊，好像没有听到似的。周宣王有些纳闷了："鸡都被训练成呆头鸡了，何谈取胜呢？"可当纪渻子把它放进斗鸡场时，对手一看到它，转身就逃，斗也不敢斗了。

果然名不虚传啊！原来，纪渻子训练鸡的最佳效果就是要鸡达到这种呆若木鸡的境界，让其精神凝聚在内，不为外面的光亮声音所动，用霸气镇住对手，这样既可以起到吓退对手的作用，又可以起到麻痹对手的作用，从而达到不战而胜的效果。

由上面的典故我们可以得知：呆若木鸡原来是比喻精神内敛、修养到家的。再延伸至为人处世上，就是人如果不断绝竞争的心理，则容易树敌，造成关系紧张，彼此仇视；若消除竞争之心，则必会化干戈为玉帛，不战而胜。

故事听完了，相信聪明的读者也知道我们将要谈到哪个博弈模型了吧，那就是斗鸡博弈。其实"呆若木鸡"的典故就包含了我们接下来要说的斗鸡博弈的基本原理：让对手对双方的力量对比进行错误的估计，进而产生错误的期望，再以自己的实力战胜对手。

话说某一天，一只红公鸡与一只白公鸡在斗鸡场上比斗。两只公鸡各有两个行动可供选择：要么后退离开，要么前进攻击。如果红公鸡后退了，而白公鸡没有退下来，就说明白公鸡获得胜利；如果红公鸡后退了，而白公鸡也退下来了，则双方打成平手，不分胜负；如果红公鸡没有退下来，而白公鸡退下来了，就说明红公鸡胜利；如果红公鸡和白公鸡都没有退下来，都选择了前进，则两败俱伤。

所以，对任何一只公鸡来说，最好的结果就是：对方退下来而自己不退。但是，这种选择存在着对方也不退，从而造成两败俱伤的可能。

如果两只公鸡都选择前进，结果是两败俱伤，双方都得 −2；如果一只公鸡前进，而另一只公鸡后退，则选择前进的公鸡得 1，而选择后退的公鸡得 −1；如果两只公鸡都选择后退，则两只公鸡都得 −1，但没有两只公鸡都选择前进遭受的损失大。

斗鸡博弈的支付矩阵如下图所示：

斗鸡博弈		白公鸡	
		前进	后退
红公鸡	前进	−2，−2	1，−1
	后退	−1，1	−1，−1

在斗鸡博弈中存在两个纳什均衡点：红公鸡前进，白公鸡后退；或者是白公鸡前进，红公鸡后退。但关键问题是谁前进，谁后退呢？

如果在一局博弈中，只有唯一的一个纳什均衡点，那么这局博弈的结果是可预测的，即这局博弈唯一的纳什均衡点就是我们预测的博弈结果。但如果在这局博弈中存在两个或者两个以上的纳什均衡点，那我们就无法确定会出现哪一种结果。斗鸡博弈就属于后者，我们无法准确预测其博弈结果，不能确定谁前进，谁后退。

胆小鬼博弈

斗鸡博弈还有一种类似的模型，即胆小鬼博弈。这是一个极度危险的游戏，当中的每一步都蕴藏着巨大的希望与危机。胆小鬼博弈与斗鸡博弈的内容大同小异，大概是这样的：

聪聪和沐沐这两个顽皮好胜的不良少年，在玩伴们的怂恿下要做一个关于胆量的游戏。两个人各驾驶一辆车，开足马力相向而行。游戏规则为：在死亡越来越近的情况下，谁先坚持不住，转弯躲闪，谁就是胆小鬼，谁就算输，还要被玩伴们嘲笑；谁面对越来越近的死亡毫不畏惧，勇敢地冲上去，谁就被视为英雄，并被其他人拥立为"小头头"。

你可能会问：游戏的参与者没有精神方面的障碍吧？现实生活中会发生这种情况吗？其实完全有可能，在他人鼓动下，当事者很可能会冲动而为。你可能还会问：为什么博弈论总是以一些行为举止异常的人来说事呢？这完全是讨论所需，用爱走极端的人举例，才更容易说明问题。

显然，在这个游戏中，谁先怕死，驱车避让，谁就算输。但是，如果双方对抗到底，都不肯让路，结局将是灾难性的，他们可能会同归于尽，这一结果无论是对个人还是全体都是最坏的；如果双方都退避让路，他们在身体上虽然都安然无恙，但心理上却会受伤，会成为他们所谓的"胆小鬼"，在玩伴们面前威信扫地，可能永远都抬不起头来。

那么，聪聪和沐沐的这场胆小鬼博弈最终会是怎样的呢？

对于聪聪和沐沐个人而言，其最大收益是自己勇往直前，逼迫对方让路；但如果对方坚持到底，则自己最好选择让路，因为丢脸总比丢命好。所以，聪聪和沐沐的选择有以下几种情况：

如果聪聪认为沐沐会勇往直前，因为沐沐比赛之前曾口出狂言，声称自己肯定要赢，那么聪聪就会选择退避让路，在伙伴面前丢尽颜面，成为胆小鬼，而沐沐会赢得胜利；如果聪聪判断沐沐会躲避，那么他更愿意勇往直前，沐沐的想法也是如此。因此，这局博弈就成了一个零和博弈，就会有以下两个理性解释：

聪聪退避让路，沐沐勇往直前；

聪聪勇往直前，沐沐退避让路。

但是，如果聪聪和沐沐都是意气用事、不计后果的冲动人，那么他们很可能会在"士可杀不可辱"信念的鼓动下，选择一直向前冲，直到最后两人同归于尽。此时，这局博弈就由原来所说的零和博弈转为双方都遭受最大损失的负和博弈了。

求生是人的本能，如果聪聪和沐沐在发动汽车引擎之前突然想起了等着自己回家的妈妈，则两人都会选择放弃做胜者的机会，宁肯丢脸也要见妈妈。虽然他俩都会在朋友中间失掉面子，但是因为"胆小鬼"的名声是由两个人共同承担的，他们之间也就没有什么差别了。

胆小鬼博弈与斗鸡博弈一样都有两个纳什均衡点，所以，无论对局内参与者——聪聪和沐沐来说，还是对局外旁观者——他们的伙伴们而言，这局博弈都是令人苦恼的：既无法预测出一个谁胜谁负的结果来，也不能制定出什么必胜策略。

如果你是当事人，想要赢得这场游戏，你该怎么做呢？

仔细分析一下，这一博弈也不是全无头绪。对参与者来说，获胜的关键是要极力表明自己会勇往直前，以此来威胁对方，让对方相信你绝对不会退却，你越是表现强硬，对方就越有可能受到你的恐吓而退避让路。但是，如果你知道对方是一个"一根筋"的人，绝对会硬干到底，那么你最好别与他坚持，既然无法回避，选择了与其竞争，你最佳的策略就是当个胆小鬼，在最后关头转弯是双方的最优策略。

在日常生活中，我们有时也会用到胆小鬼策略，比如在买东西的过程中常见的买方与卖方之间的讨价还价，当买主确实想买，但价格却无法谈拢时，买主可以做出转身要离去的姿态。注意：这其实就是一个胆小鬼策略。它带给卖家的暗示就是我宁可不买，也决不妥协，希望以此迫使卖家让步。如果你出的价钱实际上是卖家可以接受的，只是出于买卖人的贪心，卖家想要多赚一些，当他看到你转身，自己无法达到目的后，就会做出让步。

别让自己陷入"泥潭"

胆小鬼博弈的微妙之处就在于：它似乎证明了在某种情况下，你越不理性，就越有可能成为赢家，得到理想的结果。在这局博弈中，我们可以形象地把倾向于退避让路的一方称为"胆小鬼"，而把勇往直前、坚持到底的一方称为"亡命徒"。当然，只要是思维正常的人，都会承认胆小鬼比亡命徒更理性，因为丢面子总比丢性命要划算。

可是话说回来，正因为有了胆小鬼的这种理性，才使得亡命徒更容易占到便宜，相比理性的胆小鬼而言，做个亡命徒似乎更好一些。所以，有关胆量的这个胆小鬼博弈看起来是有悖常理的——谁越不理智，就越能得到好处。

在一定程度上，亡命徒策略虽说是一种有效的可以使自己的利益达到最大的策略，但这也并不能保证它每次都能成功。这种"有效"是有一定的前提条件的：必须在对方是理性的胆小鬼的情况下，亡命徒策略才可奏效。

最滑稽的局面可能是，对方也采取了这种亡命徒策略，这完全有可能，因为做亡命徒似乎更占便宜。那么对于你的威胁，他会熟视无睹，完全按照自己的想法办事。在这种情况下，你反而会陷入进退两难的困境之中：要么同他一样做个彻头彻尾的、名副其实的亡命徒，两败俱伤，为了面子丢掉性命；要么狼狈地卸下亡命徒的伪装，现出胆小鬼的原形，很丢脸地取消较量。

在现实生活的一个个小小游戏中，选手都会使用这些类似于"小聪明"的小策略；在纷繁复杂的、变化多端的世界政局中，巧妙地运用一些"小聪明"是一个成功的外交家所必需的技能。但也不乏一些没有效果的威胁，如美国前总统尼克松的助手在回忆录中就提到过这么一个小插曲：

尼克松总统就曾经希望靠亡命徒策略（尼克松称之为疯子策略）打赢与越南之间的战争。具体做法是指使人向越南散布信息：尼克松总统已经恼羞成怒，成了不计一切后果要把这场战争进行到底的"疯子"，为了尽快夺取战争胜利，美国会在必要情况下使用原子弹。

尼克松本来是希望通过威胁迫使胡志明两天之内派使者跟他们和平谈判的，但事实是，这并没有引起胡志明的恐惧，对于尼克松的"使用原子弹"的恐吓，胡志明丝毫不放在心上，尼克松的这一策略并没有起到预期的作用。

当然，这一模型侧重强调的还是胆小鬼游戏：双方都希望对方宣布退让，自己白白捡一个保住面子的胜利者的头衔。可是，在某一方使用亡命徒策略时，就与原来的游戏有了很大的不同：他们谁也无法通过判断对方的行动来决定自己的选择，选择一旦做出，就没有更改的机会，他们要么选择做个胆小鬼，丢面子；要么就当个亡命徒，丢性命。

当游戏进行到这个地步的时候，这两个"愣头青"一定会后悔自己哪根筋不对了，打了这么一个"左右都是错"的赌。

与其坐以待毙，不如先发制人

在斗鸡场上，如果参赛的两只斗鸡实力悬殊的话，占优势的那只斗鸡理所当然地会倚仗自己的能力选择进攻，而实力弱小的斗鸡自然会做出权衡，在确实取胜无望的情况下，肯定不会拿鸡蛋去跟石头碰，而会很明智地选择后退。后退是实力弱小的斗鸡的优势策略，因为若选择不计后果地进攻，硬碰硬，其结果十之八九自己会丧命，而选择后退，最多也就是失去主人的疼爱，却可以保住性命。

但是，如果主人改变规则，规定打斗失败的一方不是失宠而是丧命的话，那么弱小的斗鸡即使知道自己进攻取胜的概率很小，也不会坐以待毙地选择后退等待主人的屠杀。它也会选择前进，放手一搏。

唐高祖李渊根据"立长不立幼"的传统，册立长子李建成为太子，次子李世民为秦王，四子李元吉为齐王。为了在大臣和诸子之中树立李建成的威望，巩固他的太子地位，唐高祖接二连三地委李建成以军国大事；为了让李建成熟悉国事，提高处理政务的本领，唐高祖每次临朝，都让李建成坐在自己身边，参加各种问题的讨论。

除此之外，唐高祖还任命礼部尚书李纲、刑部尚书郑善果为东宫官员，给李建成出谋划策，决断各种机要问题。但唐高祖的一切努力都是枉然的，李建成还是辜负了他的厚望。

在李建成被派往原州接应安兴贵回长安时，其队伍七零八落，溃不成军，唐高祖见此十分生气；在东宫，李建成不理政务，无节制地饮酒，还故意搬弄是非，离间兄弟关系。李纲多次劝诫无效，辞官离开了东宫。

就在李建成的处境日益不妙之时，秦王李世民却逐渐得到了唐高祖的重用。李世民于公元 620 年奉唐高祖之命平定了刘武周割据势力，收复了并州、汾阳广大地区；又于公元 621 年奉诏消灭了窦建德和王世充两大劲敌，极大地巩固了李唐政权。李世民的威望日益提高，就在这时，他萌生了替代李建成当太子的念头。

李建成看到李世民的威望不断提高，感到十分不安，就拉拢四弟李元吉一起对付李世民。在李世民的酒杯里下了鸩毒但未毒死李世民之后，李建成并没有因此罢休，而是加紧了行动。

就在李建成与李世民对继承权进行激烈争夺的时候，恰逢突厥南侵，唐高祖同意了太子李建成的建议，让李元吉代替李世民北伐突厥，并调李世民的部下尉迟敬德和秦叔宝等人随同出征。李建成和李元吉两人密谋，在出兵饯行的时候，派人刺杀无将保护的李世民。李建成的一个属官得知后，马上将这个机密情报报告给了李世民，李世民忍无可忍，决定放手一搏，先下手为强。

玄武门是宫城的北门，地位非常重要，是中央禁卫部队屯守之所。公元 626 年 7 月 1 日，李世民向唐高祖秘密上奏，报告了李建成和李元吉的阴谋，并揭发了他们"淫乱"后宫的罪行。唐高祖一听，不禁愕然，答应第二天早朝时对质，处理此事。

唐高祖当然知道三个儿子之间早有矛盾，而且还知道李建成与李元吉结成了同盟，实力远远在孤军一人的李世民之上。所以第二天，也就是 7 月 2

日，唐高祖先召集了大臣裴寂等商量此事，打算与大臣商量之后再召三个儿子劝和。但唐高祖没预料到的是，实力较弱的李世民并没有将希望寄托在父亲的处理上（因为先前唐高祖总是偏袒李建成和李元吉），他果断地部署了行动计划，率长孙无忌、尉迟敬德等十员大将伏兵于玄武门，准备做最后的一搏。

高祖妃子张婕妤探知了李世民的计划之后，立刻向李建成通风报信。李建成听后，找来李元吉商量，但转念想想自己也做好了在京城的军事准备，所以并没有考虑太多，决定入宫上朝。

当李建成、李元吉两人进入玄武门，行至临湖殿时，发现殿边有马影闪动，心知不妙，刚想拨马东归，突然李世民从后面呼喊两人停下，一箭射死了李建成。李元吉回头张弓连射三箭，但心慌意乱，三次都没能将弓拉满，致使三箭均未射到李世民马前就已经因缺少动能而落地。尉迟敬德带领七十骑兵奔驰而来，射杀了李元吉。

玄武门之事很快传到了东宫和齐王府，冯立、薛万彻、谢叔方等率精兵两千人结阵猛攻玄武门。玄武门将领常何、敬君弘等率兵坚决抵抗。当时驻扎在玄武门的部分不明就里的士兵多采取观望的态度，两不相助，一时之间战斗不分胜负。

东宫、齐王府等兵将见攻打玄武门没有成功，首领薛万彻又另生一计，采取了"围魏救赵"的战术，率兵转而攻击将大部分兵力集中在玄武门、府中只剩几个文官留守的秦王府。在这千钧一发的时刻，尉迟敬德灵机一动，想出妙计，割下了李建成和李元吉的首级，送到正在进攻秦王府的东宫和齐王府的诸将士面前，众将一看自己的主人已经人头落地，顿时便无斗志，军心涣散，纷纷溃散。

李世民派尉迟敬德披挂全身，手持长矛直入宫中面见唐高祖。尉迟敬德杀气腾腾地向唐高祖报告了在玄武门发生的一切。唐高祖大惊失色，但马上明白了已经没有别的办法，于是便依言写下手敕：命令所有军队一律听从李世民调遣，同时还派裴矩到东宫晓谕诸将卒。玄武门之变很快平息了下来。

事变平息之后，李世民又将李建成的五个儿子和李元吉的五个儿子全部杀死，以绝后患。在事变后第三天，唐高祖立李世民为太子，且表示今后大小政事全凭太子处理。没过几天，唐高祖又提出自己应加尊号为太上皇，表示要退位。两个月之后，唐高祖下诏传位于太子，李世民在东宫显德殿正式即位为帝。

对于李世民发动的玄武门之变，一些史学家颇有微词。其中，史学家司马光就认为李世民应当后发制人，于伦理道德上才能站得住脚，李世民这种做法给子孙后代带了一个不好的头，是很不可取的。

虽然儒家的政治道德观认为，"于君王忠，于父母孝，于兄弟友，于朋友义"才是立身处世的准则，可是如果完全按照这个观念行事，中国历史就不会出现改朝换代了。不仅西汉、唐朝不会出现，就连司马光所处的宋朝也不会出现，因为北宋开国皇帝赵匡胤也是用了先发制人的策略，从后周的孤儿寡母手中篡夺了权力。

政变的是与非，在很多时候是不能就事论事的。李世民之所以发动玄武门之变，主要是因为唐高祖贪恋女色、听信谗言，致使兄弟相残，其次是因为哥哥李建成三番五次地咄咄相逼。李世民最后是箭在弦上，不得不发，被逼无奈才杀死自己的亲兄弟的。也正是因为李世民没有被那些无谓的伦理、道德、义气等教条所羁绊，我国历史上才多了一位贤明之君。

协和谬误

　　从前，有一个少年要到邻村办事，途中要经过一座大山。由于地处荒僻，大山里难免有野兽出没，所以少年临行前，家人一再嘱咐他说："如果在山上遇到野兽，千万不要惊慌，只要爬到离你最近的树上，野兽就奈何不了你了。"少年将家人的嘱咐牢记在心，一个人独自上路了。

　　进入大山后，少年小心翼翼地走了很长一段路，并没有发现有野兽出没的痕迹，不禁在心里琢磨：人老了就是爱杞人忧天，哪有什么野兽啊，父母的担心真是多余！他放下心来，哼着小调慢慢地向前走去。少年放松警惕还不到五分钟，就突然看到路前方有一只猛虎正虎视眈眈，好在他还算沉得住气，没有在最后关头乱了手脚，想起了家人教的绝招，慌忙爬到离他只有三步之遥的一棵松树上。

　　那只猛虎看着眼前的美餐怎会轻易放手，在树下围着树干咆哮不已，拼命往树上跳。少年哪经历过这种场面？本想着紧紧抱住树干就好，可没想到因为毫无心理准备，惊慌过度，一不小心从树上掉了下来，不偏不倚刚好掉在围着树转圈的猛虎背上。

　　事已至此，少年别无办法，只得抱住虎身不放，避免与虎口相对就是上策。而老虎虽说是林中之王，可它毕竟是低级动物，不具备分析能力，面对突然落到自己身上的庞然大物，它丝毫没有发现这就是刚爬到树上的自己的美餐。老虎受了惊吓，立即拔腿狂奔。

有一个路人看到"人骑虎"这一壮观的场景，不知个中缘由，十分羡慕虎背上的少年，对骑虎少年赞叹不已："你真是勇敢，骑着老虎就是威风啊！"

骑在虎背上的少年真是苦不堪言："老兄，你别看我骑在老虎身上，看起来威风凛凛，却不知我是'骑虎难下'，心里惊恐万分，害怕得要死呢！"

后来，人们多用"骑虎难下"来说明局中人处于进退两难的尴尬境地。博弈论专家有时也将骑虎难下博弈称之为协和谬误。为什么呢？原因如下：

20世纪60年代，英法两国政府合作投资，共同开发大型超音速客机，就是后来人们所说的协和飞机。设计初衷是使该飞机的机身要大，外观要豪华并且飞行速度要快。但是随着研究开发的步步推进，两国政府均发现这项开发的耗费实在是太大了。若对其继续追加投资，花费会急剧攀升，超出预算很多，更使人恼火的是这巨大付出的背后却是一个未知数：飞机的这种设计定位不知能否适应市场。而若现在就停止开发投资，那更是意味着先前的投资都将彻底付诸东流。随着研制工作的深入，在越来越可能成功的紧要关头，他们更是无法下定决心停止对研制工作的投资，而选择了坚持到底。

协和飞机最终研制成功了，但"成功"仅仅是指它作为一项研究项目成功了，而并不是指它作为一架载人客机成功了。该飞机因油耗大、噪声大、污染严重等缺陷，最终被市场淘汰，这使得英法政府为此蒙受了巨大的经济损失。若在研制过程中发现问题时，两国政府就果断地放弃飞机的后期开发投资，就会减少损失，但他们没能做到。

作为处世的上策，我们最好是避免进入欲罢不能的困局中。如果因某种原因陷入了这样的博弈，那我们就要以某种方式诱使对方先退出，使对方承担退出的损失；如果确实无法迫使对方退出，自己及时抽身，尽早退出，才是明智之举。但是，博弈参与者往往做不到这一点，正所谓"当局者迷，旁观者清"。

房价下跌，"负翁"该断供还是该坚持？

虽然我们对斗鸡博弈进行了许多理性假设，但真正在斗鸡场上，职业斗鸡一般来说是不具备我们所说的什么理性的，它们不会真正地去了解对手的实力，进而再决定采取什么策略，而往往只会选择一味前进，直到斗得两败俱伤为止。但是，在具有分析能力和理性选择的人类社会中，面对与斗鸡博弈类似的情形，人们往往会根据双方的实力对比，理性地选择前进或是后退。

用斗鸡博弈来解释 20 世纪 60 年代初发生在美苏两个超级大国之间的"古巴导弹危机"事件最合适不过了，当时的情形颇像一场超级斗鸡博弈。

"二战"结束后，世界形势发生了很大变化，逐渐形成了美国和苏联两个超级大国对峙的局面。

地处加勒比海上的岛国古巴，于 1961 年 5 月宣布为社会主义国家，第二年，美国对其实行了全面禁运。古巴领导人卡斯特罗请求苏联帮助，苏联决定把古巴作为桥头堡，在古巴秘密部署核导弹，并力争在美国发现之前做完这项工作。因为完成之后，即使美国发现了，但只要有 1/10 的导弹留下来，也能给美国以致命的打击。

本来，当时苏联最高领导人赫鲁晓夫还对把装有核弹头的导弹安放在美国人的眼皮底下一事颇为得意，可是，他万万没有料到，此举竟引起了一场轩然大波，还差点儿引发一场威胁苏联存亡的战争。

虽然苏联向古巴运输导弹的工作做得十分保密，但"若要人不知，除非己莫为"，这一秘密行动还是被美国的 U-2 飞机侦察到了。美国在获得古巴建立了导弹发射场的情报后，举国震惊，美国中情局局长麦科恩立即下令对古巴西部的岛屿进行了拍照。

由照片获得的新证据令人不寒而栗，苏联的这些导弹一旦发射，后果不堪设想。

美国人急了！五角大楼马上拟订了两种强硬方案：一是美国武装部队直接攻打古巴，先是派飞机及航空母舰对古巴进行空袭，接着集结登陆部队，一举消灭苏联的导弹、技术人员和古巴卡斯特罗政权；二是动用 500 架飞机对古巴进行地毯式轰炸，主要是摧毁古巴的导弹发射场。总之一句话，美国进入了战争戒备状态，美苏之间的战争一触即发。

发生核战争已迫在眉睫，战争的阴云越发密布，一时间整个世界都笼罩在巨大的恐慌之中，据美国总统肯尼迪估计，发生核战争的可能性"介于三分之一到一半之间"。但不久事情出现了转机，经过几天的紧张对峙和秘密谈判，赫鲁晓夫给了肯尼迪一封秘密信件，提出愿意在联合国的监督下，拆除苏联在古巴装备的导弹，装运回国，并表示不再向古巴运送武器。两天之后苏联便将承诺付诸行动。当然，为了换取赫鲁晓夫的妥协，同时也为了避免苏联坚持不退让而发生美苏战争，美国也做了一些象征性的让步，从土耳其撤离了一些美国导弹。至此，古巴导弹危机宣告结束。

这就是美国与苏联在古巴导弹问题上的博弈结果。对于苏联来说，面临着将导弹从古巴撤退回国还是坚持在古巴部署两种策略选择。最终，苏联选择了前者；对美国而言，也面临着两种策略选择——是挑起战争还是容忍苏联的行为，结果美国选择了前者。古巴导弹危机是"冷战"期间美苏两霸之间发生的最严重的一次危机。

斗鸡博弈除了普遍存在于国际争端外，在商场如战场的商业社会中也出现过。比如，现在一般工薪阶层常采用的按揭供房，就常使购房者陷入进退两难的斗鸡博弈中。

按揭供房大致是这样一种情况：首先，购房者与开发商之间确定一个房屋购买价。然后开发商、购房者与银行订立一个三方协议，购房者先交给开发商部分购房款（可以是全部购房款的 30% 或 20%），剩余购房款由银行先付给开发商，最后购房者在与银行确定的还款期限内分期将本金和利息还给银行。这是一个三方均得益的政策。

按揭买房造就了国内与日俱增的"负翁"一族。"负翁"们在承受房贷还款压力的同时，还时刻担心自己会陷入一个进退两难的困局之中——当房地产行业出现"泡沫"，政府强制下调房价，使得房价跌破当初的买入价并看不到上涨的希望时，"负翁"们就面临着继续按揭供房还是停止按揭供房的两难选择：继续按揭，就等于不断地将钱扔进水里，但停止按揭，那以前的房款就等于是打水漂了。

理性地讲，购房者应该继续供房。因为购房者的资金有 70% 甚至 80% 来自银行，而购房团体中有 70%~80% 是通过按揭贷款的，就是说，用于购房的 60%~70% 的资金都来自于国家。在如此庞大的资金支撑下，政策又是以亲民、和谐社会为主导方向的，房价出现下跌只能是一种暂时现象。

此外，现在银行对客户的信誉很重视，也在建立黑名单制度，贷款一期不还或者是几期不还，就纳入黑名单了。从这个角度来看，购房者也要继续供下去，没得选择。

还有一种情况是，在售房过程中，售楼人员往往软磨硬泡地通过多种手段诱使购房者订立购房合同，并交一部分押金。交了押金的购房者极有可能陷入斗鸡博弈的两难境地：若在参观了多个楼盘之后，对现在的房屋价格或格局不满意，想终止合同，那么先前所交的押金就收不回来，但如果不终止合同，将可能承受更大的损失。比如，此房价偏高而导致的购房差价，或对格局不满意，以后住着也不舒心等。当然，并不能由此就断定销售者的这种行为是违法的，关键是作为消费者的你，要注意擦亮自己的双眼，谨防陷入商家的圈套中。

第五章

打破思维定式的束缚

讨价还价博弈

在生活中，我们经常会遇到两个或两个以上的人共享某一件东西的情况，这就涉及公平分配的问题。这不，有位年轻而聪明的妈妈就碰到了这种情况。

这位妈妈有两个儿子，大儿子叫大刚，小儿子叫小刚。由于平时的溺爱，两个儿子养成了斤斤计较和毫不体谅别人的坏毛病。有一天，妈妈买回一块形状很不规则的冰激凌蛋糕，想作为两个儿子的夜宵。问题随之而来：由于是两人共享一块蛋糕，需要将蛋糕切成两块，但两个儿子又都是极其自私的人，都想要分得比较大的那一块。

妈妈就有点儿犯难了：自己再怎么努力地去平分蛋糕，也总会有大小之别，吃到小块的那个肯定会抱怨说分得不公平。这是一位聪明的妈妈，很快她就想出了一个好办法：把分蛋糕的权力下放给两个儿子，他俩谁都可以分蛋糕，但是谁分的蛋糕谁要后拿。

在这种规则设置之下，如果切得不公平，得益的必定是不切蛋糕而先挑选的那一方，切蛋糕一方只能拿到较小的那一块，但他也无法怪别人，因为蛋糕是自己分的，要怪只能怪自己分得不好。

大刚和小刚期望的是一半对一半的分配方案，而最可能实现这种方案的就是妈妈提出的让一方负责将蛋糕切成两份，另一方先挑选。但是，这个看似公平且切实可行的方案在实施时还是存在一些问题的，大刚和小刚很快就发现，切蛋糕是一块"烫手的山芋"，由于技术不到家，将蛋糕切得不一样大的概率很大，即不切蛋糕的一方得益的概率很大。所以他俩谁都不愿意做切蛋糕的一方。

"聪明"一词用在这位妈妈身上，一点儿也不为过，针对他俩都不愿意切蛋糕的情况，妈妈又想出了另一种分配蛋糕的规则。假设蛋糕总量为 1，让大刚和小刚各自同时报出自己希望得到的蛋糕的份额。如果两人所报出的份额相加之和不超过 1 或者等于 1，双方就得到自己要求的份额；如果超过 1，就重新报份额，直到不超过 1 或者等于 1 为止。需要注意的是，这是一块冰激凌蛋糕，假如双方迟迟没有达成共识，蛋糕将完全融化，谁也吃不到。

此时，这局博弈的纳什均衡点有无数多个，只要两人报出的份额相加之和小于 1 或者等于 1，那这种组合就是均衡点：比如 1/2，1/2；2/3，1/3；3/4，1/5……而最严酷的莫过于大刚要 1，小刚只能要 0，但这也是纳什均衡，反过来也成立。

在这种如果两人报出的份额相加超过 1，就重新报份额的情况下，分蛋糕博弈就不再是一次性博弈，而演变成了一个动态博弈。事实上，这也就形成了一个讨价还价博弈的基本模型。在经济生活中，小到日常的商品买卖，大到国际贸易乃至重大政治谈判，都存在着讨价还价的问题。

比如，中国加入 WTO 的时候，为了国家和民族利益，与许多发达国家进行了漫长而艰难的讨价还价，如发达国家对中国成为 WTO 成员国提出一个要求，中国要做出接受还是不接受的决定，若不接受，可以提出一个相反的建议，或者等待发达国家重新提出自己的要求。双方陆续对对方的反应做出反应，轮流提出还价要求……这一次又一次的讨价还价的过程就组成了一个谈判的过程。

谈判是一个复杂的心理斗智过程，它要求谈判者具有深厚的知识积累、缜密的逻辑思维、良好的语言表达能力和得体的肢体动作。运用好谈判的语言技巧会给你的工作和生活带来更多帮助和乐趣。

谈判，也是一种艺术，一种像跳舞一样的艺术，这种艺术的成功并不是消灭冲突，而是如何有效地解决冲突。参与谈判的谈判者应该尽量缩短谈判的时间，尽快达成一项协议，以便减少成本，从而避免损失，维护各自的最大利益。

发挥我们的热情、智慧、坚毅和幽默去征服我们的对手，这就是成功的谈判！

后发制人的策略

在古代，有一个极其孝顺的平民 A，老爹生病多年，为了筹备给老爹看病的银子，他不得不将家中祖传的一件古董拿到当地一个财主 B 家变卖。这件古董在平民 A 看来至少值 300 两银子，财主 B 认为这件古董至多值 400 两银子。如此看来，这件古董的成交价格将在 300~400 两银子之间。

这桩买卖的交易过程可以是这样的：因为财主 B 是买主，所以由 B 先开价，平民 A 根据财主 B 的出价选择成交或者还价。如果平民 A 选择成交，则按照财主 B 的出价成功交易；如果平民 A 认为财主 B 的出价较低或者认为他极想得到这件古董，更高的价格他也可能会接受，平民 A 就会选择还价。

此时，如果财主 B 认为多花点儿钱买这件古董值或者他认为平民 A 可怜，想多施舍一点儿的话，就会同意平民 A 的还价，此笔交易就会按照平民 A 还价的价格成交。如果财主 B 不接受平民 A 的还价的话，则买卖没有做成，这也是一种交易结果。

因为两个人对这件古董的评价价值不同，所以只要平民 A 在第二轮博弈中的还价不超过 400 两银子，财主 B 就会选择同意还价。同理，只要财主 B 在第一轮博弈中开出的价格不低于 300 两银子，平民 A 也可能会选择成交。

当然，因为这里面有一个期望收益的问题，所以即便是财主 B 开出的价格不低于 300 两银子，平民 A 为了获得更大收益也可能会选择还价。比如，财主 B 开价 350 两银子购买这件古董，平民 A 要是同意的话，只能卖得 350 两银子；如果平民 A 不接受这个价格而选择还价，将价格提高到 380 两银子，因为这个价格仍然在财主 B 的期望价格之内，财主 B 仍然会同意平民 A 的这个价格，花 380 两银子购买此古董。

如果你足够细心和有刨根究底精神的话，你就会发现：当谈判的多阶段博弈控制在双数阶段时，后开价者具有后发优势。比如，在这局买卖古董的博弈中，由财主 B 先开价，平民 A 后还价，并且成交价为平民 A 的出价，结果平民 A 就可获得最大收益。

当谈判的多阶段博弈控制在单数阶段时，先开价者具有先发优势。还以上述例子为例，如果财主 B 懂得博弈论，他完全可以改变这个游戏规则，将自己的开价作为最后的成交价。还是财主 B 先出价，但是不允许平民 A 讨价还价。若平民 A 不同意这个价格，财主 B 就坚决不再继续谈判，放弃购买平民 A 的这件古董。这时候，只要财主 B 的出价略高于 300 两银子，甚至说等于 300 两银子，平民 A 也一定会同意这个价格，将古董卖给财主 B。因为如果他不同意，就意味着买卖不能成交，他一文钱也拿不到，就只能眼睁睁地看着老爹的病情恶化。

讨价还价在我们的生活中是非常常见的现象：极想得到某件商品的消费者，往往会以高于自己心理价位的价格购得所需之物；急于甩货转行的商店老板，通常也会以较低的价格卖出自己的商品。总而言之，越急于结束谈判的人将会越早妥协，做出较大的让步来促成谈判的成功。

综上所述，我们可以概括出讨价还价的两大基本特征：

首先，必须知道谁向谁提出了什么条件。如果可能的话，要尽量采取后发制人的方法，根据对方的行动来行动；

其次，还要知道，假如双方不能达成一个最后的协定，将会导致什么后果。这个后果相对于自己于上一轮博弈中做出让步所产生的结果孰轻孰重。若前者给自己带来的损失大于后者，则选择在上一轮博弈中妥协，接受对方的条件；若前者给自己带来的损失小于后者，则应坚持到底，决不让步。

好制度在博弈中衍生

制度是指要求大家共同遵守的办事规程或行动准则，是人类在不断选择、琢磨的过程中形成的。好的制度往往天衣无缝，可以说是既清晰又精妙、既简洁又高效，令人为之赞叹。

七个工人被一个老板长期雇用，构成了一个共同生活的小团体。每个人的地位都是完全平等的：干一样的活儿，住同一个工棚，吃同一锅粥。问题就出在这一锅粥的分配上：因为地位平等，他们要求平均分配；因为自利本性，他们每个人又都希望自己多分一点儿。

其实，现实社会中发生的许多争吵，大到一个国家与另一个国家之间的领土、领空、领海等争端，小到一个人与另一个人之间的鸡毛蒜皮的小事，有很大一部分都是由于一方或双方认为分配不公平而引起的。公平分配是所有人都追求的目标，然而，究竟什么是公平的分配呢？

首先，在分配之前应确定一个公平的分配标准，符合这个标准的分配就是公平的，否则就是不公平的；其次，要明确一点，公平并不是平均（当然，有的情况下公平即是平均）。一个公平的分配是各方所得与其付出成正比。

再来看故事中提到的这个分配问题。七个工人发挥了各自的聪明才智，试验了不同的分粥方法，总体来看，主要有以下几种：

◇随意指定一个人负责分粥事宜

很快大家就发现，正所谓"权力导致腐败，绝对权力导致绝对腐败"，这个人总是给自己分的粥最多。可能是这个人太过自私吧，换一个人试试，结果仍是不尽如人意，总是主持分粥的人碗里的粥最多。

为此，七个人尔虞我诈、不择手段地想要得到分粥的特权，风气越来越坏。可见，并非是人之过，而是制度之弊也！

◇七个人轮流主持分粥，每人一天

这一制度是针对上一制度中人的自私本性而专门设立的，等于是承认了每个人有给自己多分粥的权力，同时也给予了每个人给自己多分粥的机会。

虽然这种制度是平等的，但是结果却很不好：每个人在一周中只有在自己主持分粥的那天吃得饱，甚至撑得难受，造成了粮食的极大浪费，其余六天都要忍饥挨饿。而且，这种制度很容易导致大家相互之间加倍报复，矛盾也越来越尖锐。

◇选举一位大家都信得过的，所谓"品德高尚"的人主持分粥

起初，这位"品德高尚"的人基本还能"一碗粥端平"，公平分粥。但几天之后，他就开始为自己和拍自己马屁的人多分一些粥。看来，这也不是最好的方法，还得寻找新的、更好的分粥方法。

◇选举一个分粥委员会和一个监督委员会，形成监督和制约机制

在这种分粥制度下，公平基本上做到了，但是新的问题又出现了，当粥做好后分粥委员会成员准备分粥时，监督委员会成员经常会提出各种异议，分粥委员会往往又据理力争。他们互不服从，等到矛盾得到调和，可以分粥时，粥早就凉了。可见，这种制度效率低，大家经常要吃凉粥，实在谈不上是一个好方法。

◇只要有意愿，谁都可以主持分粥，但是分粥的那个人要最后一个领

粥，可以说此种方法是第二种方法的改进版，同田忌赛马一样，只是调换了一下七个人的领粥次序，却收到了意想不到的结果，七个碗里的粥就像用科学仪器量过一样，几乎每碗都一样多。

因为每个主持分粥的人都认识到，如果他分的这七个碗里的粥的分量不相同，那么他必定将享有最少的那一碗。这一方法的成功之处就是利用人的利己性达到了利他的目的，从而实现了公平分粥的目标。

良好制度的形成可以说是一个找整体目标与个体目标的纳什均衡的过程。分粥游戏规则的形成即为这一过程的集中体现——轮流分粥的这一举动使人们既认识到了个人利益，同时又关注着整体利益，并且找到了两者的结合点。

良好制度的形成也可以说是一个达成共识的过程。制度本质上是一种契约，必须建立在参与者达成共识的基础之上，没有人会积极遵守自己不同意的规则，并且经过大家同意而制定的契约往往更能增强大家遵守制度的自觉性。现实中许多制度形同虚设，主要原因就在于其制定的过程没有征求组织成员的意见，仅凭管理者的一厢情愿而定，缺乏共识。

良好的制度是保障一个组织正常运行的轨道，因为它所产生的约束力和规范力使其成员的行为始终保持在有序、明确和高效的状态，从而保证了组织的正常运行。

简单的规则，复杂的游戏

　　一个游戏的规则定得过于死板，没有一点儿灵活性，参与者就会觉得只能被动地接受，不富有挑战性，进而推断出这个游戏不好玩；但如果游戏的规则定得过于宽松，形同虚设，参与者就会乱套，无章可循，无法可依，游戏也就玩不下去了。由此可见，制定游戏规则的分寸还真是不好把握。

　　一个好规则，既能保证游戏的正常进行，不出乱子，又能给游戏参与者以最大的选择空间。比如围棋，最简单易懂的规则却创造出了最复杂精深的艺术，即使是在今天这个高科技的电脑时代，专家们还是无法制造出一台机器人来打败人类。为此，我们不能不感谢这个简单、完美的规则。

　　一个好规则，鼓励人合作，惩罚不合作；而一个坏规则，尽管设计初衷可能也是为了鼓励合作，但是由于规则本身制定得不合理，其结果也就与初衷背道而驰。比如，历史上的昏君暴君制定了诸多维护自己统治的规则，但最终结果却事与愿违，自己的江山没保住不算，连身家性命也赔了进去。

　　除了上面说的游戏规则的死板与宽松分寸不好把握外，有的游戏规则本身就是一个圈套，前后矛盾，无法自圆其说。不信，请看下面这个例子：

　　20 世纪 60 年代，约瑟夫·海勒出版了他的成名作《第 22 条军规》。这本书充满了各种荒唐的逻辑和绝妙的讽刺，一问世就大获成功，成了"黑色幽默"文学的代表作，而"第22条军规"也成了荒唐、不合理规则的代名词。因为"第22条军规"规定：精神失常的飞行员可以停飞，但同时又认定申请停飞者头脑一定是清醒的。

书中记述了一个发生在地中海小岛上的美国空军基地里的故事，其背景是第二次世界大战胜利在望。一个飞行大队的指挥官为了在最后时刻给自己捞取可向别人炫耀的功劳，不断地提高下属的任务定额，弄得士兵人心惶惶。

为了避免大家批评，这个指挥官屡次用"第22条军规"宣布："如果一个人因执行了过多的任务而致使自己精神失常，就可以提出申请停止飞行。可问题是如果你还能在意识的支配下提出逃避死亡的这种申请，就说明你精神正常，没有错乱。所以说，你没有达到停止飞行所规定的条件，你必须继续执行任务……"

投弹手尤索林不想成为胜利前夕的最后一批牺牲者之一，千方百计逃避执行上级下达的任务。他的上级军官质问他："假如我方士兵都像你这么想，结果成什么样了？我们还要不要赶紧打完仗回家团圆了？"可尤索林答道："我若是不这么想，岂不就成了一个大傻瓜？"军官无言以对。

这条军规的可怕之处就在于其自相矛盾的推理逻辑。它并没有形成文字条例，但又是一个无处不在的规定，这或许就是某些批评家所说的强大的隐喻吧！

在此，真心地奉劝规则制定者一句：不要把别人想象成没有头脑、供你随意摆布的木偶，以为自己只要有点儿强权，就可以无所顾忌地制定各种荒唐的规则。也许对方迫于你的专制、强权无力抵抗，但是他肯定不会坐以待毙、任你宰割，而是会想方设法从你的荒唐规则里找到对付你的办法。类似于"第22条军规"这样的荒唐规则是不可能让士兵们变得更加勇敢的，它只会催生种种异化行为。所以，要尊重别人，首先要尊重自己。

收益要与付出成正比

　　夏普里是博弈论的奠基人之一，因研究非策略多人合作的利益分配问题而闻名于世。他创立的夏普里值方法是解决合作利益分配问题的一种较为合理的、科学的分配方式，比一般方法更能体现合作各方对联盟的贡献。夏普里值方法自问世以来得到了迅速发展，并被广泛运用到了社会生活的很多方面，解决了很多实际问题，如费用分摊、损益分摊等。

　　夏普里值方法的出发点是根据每个局中人对联盟的边际贡献大小来分配联盟的总收益，其目标是构造一种综合考虑冲突各方要求的折中的效用分配方案，保证分配的公平性。

　　在用夏普里值方法解决合作利益分配问题时，应满足如下条件：

　　局中人之间地位平等；

　　所有局中人所得的利益之和是联盟的总财富。

　　在对夏普里值方法有了一个大致的了解之后，我们接着来看一个小故事。

　　难得的周末又到了，杰克和汤姆相约来到郊外游玩。午餐时间到了，他们都把各自带的食物拿了出来。不愧是心有灵犀的好朋友，连带的午餐都是一样的：杰克带了 3 块比萨，汤姆带了 5 块比萨。就在他们准备开饭时，有一个游人凑过来，想跟他俩共用午餐，因为这附近没有餐馆，而游人什么吃的也没带。

杰克和汤姆得知游人的情况之后，毫不犹豫地邀请饥饿的游人跟他们一起共享这 8 块比萨。由于太饿了，他们三人很快就将 8 块比萨全部吃完了。游人为了表达自己的感激之情，临走之前留给他俩 8 个金币。

杰克和汤姆虽说是非常要好的朋友，但在金钱面前都露出了自私自利的一面，对于这 8 个金币的分配问题，两人发生了很激烈的争执。汤姆认为自己带了 5 块比萨，而杰克带了 3 块比萨，所以，按照比例来算，他应该分得 5 个金币，杰克分得 3 个金币。

杰克对汤姆的这一分配方案不是很满意，他认为既然 8 块比萨是大家一起吃完的，所以理应平分游人留给他们的这 8 个金币，他和汤姆每人得 4 个金币。两人为此争吵了很长时间也没有达成一致意见。最后，杰克提议去找公正的夏普里来主持公道，汤姆同意了。

夏普里在听完杰克的叙说后，用很慈祥的语气对杰克说："孩子，汤姆答应分给你 3 个金币，你已经是占了便宜的，应该心存感激地接受才是。如果你非要公平分配的话，你其实应该分得 1 个金币而不是 3 个金币，而你的朋友汤姆应该分得 7 个金币而不是 5 个金币。"

杰克听了夏普里的话，丈二和尚摸不着头脑了。怎么回事呀？难道真的是自己的要求太过分了吗？

夏普里当然也知道杰克的困惑，耐心地为杰克做起了分析："不要着急，孩子，听我慢慢地给你解释。首先，我们得搞清一点，公平的分配并不就是平均的分配，公平的分配有一个重要的标准就是当事人所得与其所付出成正比例。因为游人、你和汤姆三人吃完了 8 块比萨，就是说你们每个人都吃了其中的 1/3，即 8/3 块比萨。游人所吃的 8/3 块比萨中占了你带的比萨的 1/3 块（3-8/3=1/3），占了汤姆带的比萨的 7/3 块（5-8/3=7/3），即汤姆提供给游人的比萨是你的 7 倍。因此，对于游人留下的这 8 个金币，汤姆分得的也理应是你的 7 倍，所以公平的分法是：你分得 1 个金币，而汤姆分得 7 个金币。你看是不是这个道理？"

杰克听了夏普里的分析后，茅塞顿开，想想还真是这么一回事，就愉快地接受了 1 个金币，汤姆得到了剩余的 7 个金币。

在这个故事中，夏普里提出的对金币的公平分法指的就是我们上面所说的夏普里值方法。其核心是：收益与付出成正比例。

凶猛海盗的逻辑

海盗，是一帮桀骜不驯的亡命之徒，干的是抢人钱财、夺人性命的在刀刃上舔血的营生。然而，他们又是世界上最民主的团体，遵循投票制度下的少数服从多数的原则。海盗船上的唯一惩罚，就是把人丢到海里喂鲨鱼。

现在船上有 5 个海盗，要分抢来的 100 个金币。分配规则如下：

抽签（1，2，3，4，5）确定分配顺序；

由抽到 1 号签的海盗提出分配方案，然后 5 个海盗对这种分配方案进行表决，如果半数以上（含半数）的海盗赞同这一方案，那么这一方案就获得通过并按照这一方案进行分配，否则提出方案的 1 号海盗将被扔进大海喂鲨鱼；

如果 1 号海盗的分配方案未获得通过而被扔进大海，再由抽到 2 号签的海盗提出他的分配方案，然后 4 个海盗进行表决。当超过半数（含半数）的海盗赞同他提出的这一方案时，才按照他的分配方案进行分配，否则他的命运就和 1 号海盗一样，将被扔入大海喂鲨鱼；

依次类推，3 号、4 号、5 号海盗重复上述过程。直到找到一个让超过半数（含半数）的海盗接受的分配方案。当然，如果最后只剩下 5 号海盗，他自然更愿意接受一人独吞全部金币的结果，但这是不可能发生的。

我们先要对这 5 个海盗做一些假设：

每个海盗都是经济学假设的理性人，都能非常理智地判断得失，从而做出策略选择。也就是说，每个海盗都知道自己和别的海盗在某个分配方案中所处的位置，并假定不存在海盗间的串通或私下交易；

一个金币是完整而不能被分割的，不可以你半个我半个；同时也不允许多个海盗共有一个金币；

每个海盗都希望自己能得到尽可能多的金币，当然，谁也不愿意自己被丢到海里喂鲨鱼，这是最重要的一点；

每个海盗都是名副其实、只为自己利益打算的功利主义者，他们会尽可能投票让自己的同伴被丢进海里喂鲨鱼，好多得或独吞金币；

每个通过的分配方案都能顺利执行，不存在海盗们不满意分配方案而大打出手的情况。

如果你是抽到 1 号签的海盗，你该提出一个什么样的分配方案，既可以保证该方案能顺利通过，避免自己被其他海盗丢进大海里，同时又能获得最多的金币呢？其最后的分配结果又会是什么样子呢？

这是一道叫作"凶猛海盗的逻辑"的智力题，现在，大家都习惯称其为"海盗分金问题"。

这个分配规则给人的第一印象是：抽到 1 号签的海盗太不幸了。因为每个海盗都从自己的利益出发，当然希望参与金币分配的人越少越好，第一个提出方案的人，能活下去的概率是微乎其微的。即使他自己一分不要，把钱全部分给另外 4 个海盗，也未必会使那些人赞同他的分配方案，要真是这样的话，他就只有死路一条。

其实，抽到 1 号签的海盗的处境也并没有我们想象的那么糟糕，只要 1 号海盗提出的分配方案能使其余 4 个海盗中至少 2 个海盗同意，那么他的这个方案就能获得通过，他本人就可免于一死。基于这一考虑，1号海盗就要分析，为了使自己可以安全地活下去，他必须笼络两个处于劣势的海盗（即在其他情况下，得到金币最少的两个人），使他们同意自己的分配方案。

要使这两个海盗同意的条件是，他的分配方案所分给这两个海盗的金币数要大于假若1号海盗被丢进大海，其他海盗的分配方案分给他们的金币数，也就是说，如果这两个海盗不同意他的分配方案，就将得到更少的金币。

那么，抽到1号签的海盗究竟会提出怎样的分配方案呢？让我们耐心看下去。

要解决这个看似无头绪的、复杂的问题，我们可以运用"向前展望，倒后推理"的倒推法，即从结尾出发倒推回去。其推理过程也应该是从后向前，因为在最后一步中，我们最容易看清楚什么是好的策略，什么是坏的策略。确定了这一点后，我们就可以借助最后一步的结果，得到倒数第二步应该做何策略选择，依次类推。

如果你不按照这种推理方法进行，而打算从第1个海盗出发进行分析，就很容易因这样一个问题——"如果我这样做，下面一个海盗会如何做呢？"而陷入思维僵局，使你分析不了几步就会无法进行下去。

因此，问题的突破口或者说分析的出发点应该是从仅剩4号和5号两个海盗时入手。显然，抽到5号签的海盗是最不合作的，因为他没有被丢到海里喂鲨鱼的风险，并且每扔下去一个海盗，他的潜在的对手就少一个。

5号海盗的最佳分配方案也一目了然：前面4个海盗都被丢到海里喂鲨鱼，自己独吞这100个金币。但是，他的这种看似最有利的方案却未必可行，因为当只剩下他和4号海盗的时候，4号海盗肯定会提出（100，0）的分配方案。当对此进行表决时，4号海盗肯定为自己的这个方案投赞成票，这样就占了总数的一半，因此该方案获得通过，5号海盗无法改变表决结果。所以，在只剩下4号海盗和5号海盗的时候，金币的分配方案是（100，0）。

现在，我们来分析只有 3 号、4 号、5 号海盗存在时的情况。3 号海盗根据 5 号海盗的处境，会提出（99，0，1）的分配方案。当对其进行表决时，4 号海盗肯定不会同意，但 5 号海盗一定会投赞同票，因为如果 5 号海盗不投赞同票，则 3 号海盗被丢下大海是必然结果，接下来 5 号海盗就要面临与 4 号海盗的单独对局，按照上面的推理，他将一无所得。5 号海盗的赞同票加上 3 号海盗自己的赞同票，3 号海盗的分配方案顺利通过。此时，金币的分配方案是（99，0，1）。

接着上面的思路再推回去。当有 2 号、3 号、4 号、5 号海盗时，2 号海盗根据理性推理，当然也会预测到他被抛下大海后的分配方案是（99，0，1），此时，他的最好的分配方案是（98，0，0，2），即放弃 3 号海盗和 4 号海盗，笼络 5 号海盗。

表决时，3 号海盗和 4 号海盗肯定投反对票，但 5 号海盗会同意，因为照上面的分析，如果 5 号海盗不同意这一分配方案，将 2 号海盗丢进大海后他只能得到 1 个金币，而同意 2 号海盗的分配方案他却可以得到 2 个金币。2 号海盗再投上一票赞同票，这样赞同票也占了全部票数的一半，该方案将获得通过。此时，金币的分配方案为（98，0，0，2）。

最后，我们来看 1 号海盗的最优分配方案。按照上面的分析，如果 1 号海盗被扔进大海，则 3 号海盗和 4 号海盗什么也得不到，所以，1 号海盗此时的分配方案就应该争取处于绝对劣势的 3 号海盗和 4 号海盗，分给 3 号海盗和 4 号海盗各 1 个金币，即方案为（98，0，1，1，0）。当对这一方案进行表决时，3 号海盗、4 号海盗和 1 号海盗都会同意，这个方案当然就会获得通过了。

因此，海盗分金最终的分配方案是（98，0，1，1，0）。真是令人难以置信，看似最有可能被丢进大海喂鲨鱼的 1 号海盗却巧妙地利用了先发优势，不但消除了死亡威胁，还成了最后的大赢家，获得了 98 个金币。而 5

号海盗，看起来最安全，根本就没有被扔进大海喂鲨鱼的危险，但最后竟连一小杯羹都没有分到。

海盗分金的分配规则貌似公平：第一，抽签决定分配顺序，表明每个海盗的机会相等；第二，任何一个海盗提出的分配方案都要通过表决来进行，看起来也是比较民主的。但分配结果却是那么不如人意，可以说是出人意料：收益最大的海盗分得了 98 个金币，占了金币总数的 98%，而有的海盗却什么也没分得。

第六章

博彩人生：一夜暴富的梦

边际效用递减原则

为什么赌博被人们认为是一件坏事呢？这里的"人们"包括赌徒自己。虽然他们参加赌博活动，但他们心里跟明镜似的，都认为赌博不是一件好事，只是身不由己而已。

从伦理道德方面讲，因为赌徒所赢的钱财是通过投机而不是通过自己辛勤劳动获得的，所以会受到社会道德、人文伦理的批判。不过，从经济学的角度来看，反对赌博的理由也相当充分。

◇赌博是典型的零和游戏，甚至可以说是负和游戏

无论什么形式的赌博活动，充其量不过是一个零和游戏，它不会增加任何产出，创造任何社会价值。我们甚至还可以说赌博就是一个负和游戏，因为赌博活动既耗费了赌徒的时间，也耗费了他们的精力。所以，理性的人应当避免参加赌博活动。

即使庄家不取抽头，不搞别的花样，赌博活动也只是将金钱毫无益处地从一个人手里转到另一个人手里。这一特点使得赌博活动既不利于社会公正，也不利于社会良好治安秩序的形成。

比如，小王和小李都是工薪阶层，月收入都是 3000 元，两家老小吃喝

全靠工资这点死收入。一天，两人心血来潮都想试试自己的运气如何，就拿着月底的 3000 块钱薪水关门赌博，并且还规定要赌到一方输光为止。

大约七八个小时过去了，他俩之间的赌博以小王全输、小李全赢而告终。小王变成了穷光蛋，一家老小下个月的生活都难以维持；而小李收入翻倍，下个月的生活就会过得舒服一点。这使得小王心里极度不平衡，也就给社会治安埋下了隐患。

◇赌博过程中伴随着边际效用递减原理

即使是机会均等的最公平的赌博活动，也是输方效用的损失比较大，而赢方效用的增加比较小。

边际效用递减原理是经济学中的重要原理，即消费者在消费某一物品时，每一单位物品给消费者带来的效用是不同的，它们呈递减关系。

比如，我们吃苹果，吃第一个的时候会觉得它异常香甜。吃第二个的时候，香甜感就没吃第一个时那么强了，但还不至于到讨厌的地步。吃第三个的时候，就觉得它可吃可不吃。吃第四个或四个以上的时候，就觉得它不仅不香甜，而且还有几分恶心了。此时，苹果对我们的效用就是负的，它不仅不能带给我们好处，反而成了我们的负担。

当今迫切希望拥有一辆属于自己的爱车的年轻人也一样，当他买到了心仪已久的第一辆车时，不仅获得了巨大的心理满足感，而且还真实地体会到了车带给他的诸多方便。当他买第二辆车时，因为他急切想拥有一辆车的愿望已经实现，并且他一个人也不能同时驾驶两辆车，所以这第二辆车带给他的效用就远没有第一辆车大。当然，这辆车也不是一无是处：第一，它可以起到备用的作用；第二，它还会增加他的炫耀资本。不管怎么说，总的效用是增加的。如果他再继续买车，则这第三辆车所带来的负效应就远远大于带给他的正效应了。不仅要雇用开车的司机，而且还要准备停车的车库，同时还要防范窃贼等，而第三辆车除了可以再为他的脸涂一层金之外别无他用，总之是得不偿失。

著名经济学家保罗·萨缪尔森曾经说过："增加 100 元收入所带来的效用，小于失去 100 元所损失的效用。"这就是说，对同样数量的损失和盈利，人们的感受是不同的。一定数量的损失所引起的价值损害（负效用）要大于同样数量的盈利所带来的价值满足（正效用）。

比如，一个赌徒随身带了 3000 块钱去赌场赌博，当他赢了 100 块钱的时候要求他离开，他可能不会提出什么异议；若是在他输了 100 块钱的时候要求他离开，可能就有点难度了。

虽然 3100（3000+100=3100）和 2900（3000-100=2900）只相差 200，但我们要说的是，这两种情况下赌徒的心理感受跟 3100、2900 这两个数字并没有多大关系，而是跟 3100、2900 与本金 3000 之差 100、-100 有很大的关系，即赌徒的心理感受跟赢 100 还是输 100 有直接关系。简单地说，就是赌徒输了 100 元钱所带来的不愉快感要比赢了 100 元钱所带来的愉悦感强烈得多，一般情况下，前者是后者的两倍。这正是赌博过程中边际效用递减的表现。

说说两块钱一张的彩票

　　购买彩票和参加赌博都是玩概率，概率法则支配着发生的一切。以概率论的观点来看，无论是买彩票的中与不中，还是赌博的赢与输都是随机事件，具有随机性的特征。博弈论创始人诺曼曾说过："任何一个考虑用数学方法制作随机数字的人都是处于犯罪状态的。"这就告诉我们，试图看透和预测纯随机事件是不可能的。

　　彩票和骰子——每一个数字、每一轮选择都是一次新的不同的事件，且不受以前事件的影响。如果上一期、上一轮的结果能够按照可预期的方式影响下一期、下一轮的发展的话，那么彩票发行者、赌场就要破产了。购买彩票和参加赌博背后靠的仅仅是个人的运气，走运了就中、就赢；点背了就不中、就输。

　　在当今社会生活中，购买彩票已是屡见不鲜的现象。彩票是奖券的通称，上面标着号码，按票面价格出售。开奖后，持有中奖号码彩票的，可按规定领奖。发行彩票是社会某个组织为了筹集一定资金，以高额奖金为诱饵，采取某种随机形式，利用人们以小博大的心理，促使他们以少量的金钱来购买彩票的一种活动。

比起赌博，彩票更为人们所接受。因为它不像赌博那样，带着欺诈和非法的色彩。所以很多人热衷于购买彩票，渴望两块钱改变命运，一夜暴富。彩票发行者就好比是精通消费者心理的商家，并不在每件商品上都打折，而是推出购物中大奖之类的促销活动，既节约了成本，又满足了顾客的侥幸心理。

但事实上是，彩票的命中率极低，连赌博赢钱的概率都远远大于买彩票赢钱的概率。通常情况下，赌场的赔率是80%甚至更高，而彩票的赔率还不到50%，就是说购买彩票还不如参与赌博。然而，现实生活中购买彩票的人要比参与赌博的人多得多，这不能不说是很多人缺乏理性思考的结果。

在彩票游戏里，彩民们不是不了解中头奖的概率，就是忽略了中头奖的概率，只看到报纸上中奖人的故事，而没有想到中奖人背后那成千上万甚至逾亿的未中奖的人，从而使得赢钱的概率比输钱的可能性具有了更高的价值。他们抱着"中奖的人可能就是我"的幻想，将10买9输的教训完全抛到九霄云外，照买不误。

彩票不仅命中率很低，而且命中率与中奖额相乘，所得额肯定低于彩票购买者的付出，两者的差额即为彩票发行者的利润。也就是说，买彩票的人多半是输钱的。发行者通过发行彩票稳赚是必然事件，而某个彩民中彩则是概率极小的随机事件，人们自己的理性发挥不出来，而唯有靠运气。根据理性人的假定，在购买彩票还是不买彩票之间进行选择的话，选择不买彩票是理性的，而选择买彩票是不理性的。

一位著名数学家曾经在回家路上的超市买完东西之后，用找的零钱买了一注彩票，尽管他心里确切无疑地知道购买彩票是不理性的选择。但他是这样辩解的："若真能中500万，就可以完全改变我现在的生活状态；不中也没事，不就是两块零钱嘛，对我现在的生活状态也毫无影响啊！"

其实，这位数学家是在为"钱的效益"下定义，并强调赢的效益要远远大于输的效益。大多数彩民也会这样下意识地自我安慰：总是有人会中头奖的嘛，未必就不是我啊！正因为如此，才有无数人在注定会输的情况下继续买下去。于是乎，彩民数量就好比是滚雪球，越滚越大。

揭开"21点"的神秘面纱

赌博活动可以在一群赌徒之间进行，这种形式常见于民间，并且往往是自发形成的；还可以是在若干赌徒与一个组织（庄家）之间进行，此种形式多见于后来人为专门设置的赌场。

在赌场上，赌徒难以获胜，而庄家却连连赢利这一常见情景并不全是因为赌徒运气不好、点背，而是有一定客观原因的。赌场中赌徒与庄家之间的赌博是不公平的：庄家赢的概率要大于赌徒赢的概率。

拿赌场中惯用的赌博方式——"21点"为例。"21点"的游戏规则为：发牌人逐一给赌徒和庄家发扑克牌，然后比扑克牌的点数，21点最大，但不能超过21点，超过21点的称为"爆"，不比自输。

赌徒先翻牌，庄家后翻牌。若赌徒的扑克牌点数大于庄家且没有超过21点，则赌徒获胜，你此轮押了多少筹码，庄家就照数赔你多少；反之，你押的筹码就归庄家所有；如果赌徒与庄家的点数相等，则此轮平局，重新发牌。

在表面看似公平的"21点"游戏中，其实隐藏着极大的不公平。相对于赌徒而言，庄家具有信息和概率两个优势。

信息优势：因为是赌徒先翻牌，庄家后翻牌，就使得庄家要牌时有了信息依据。因庄家能看到先翻牌的赌徒们的点数，此时，只要是庄家的牌的点数超过了大多数赌徒的点数，庄家选择放弃要牌，就能赢，无须再选择要牌，冒"爆"的危险了；而只有在庄家的点数小于大多数赌徒的点数，庄家不要牌就必输无疑时，庄家才会选择要牌，冒可能会爆的风险。而赌徒每次在选择是否要牌时，却没有这个信息优势，均要冒可能会"爆"的风险。

概率优势：由于是赌徒先翻牌，只要赌徒此时的点数超过 21 点，就是"爆"了，庄家就可直接收取赌徒的筹码，而无论庄家的点数是否也"爆"了。

当然，人的冒险本性和总希望有意外惊喜的本性，使得赌博可以作为一种有益的娱乐活动：一可以怡情；二可以益智；三可以交际。如果把赌博作为一种事业，带着一夜暴富的贪婪之心，希望通过从事赌博活动而获得金钱收益，嗜赌如命，那就不是小赌怡情了，而是一种不理性的行为。

第七章

别干吃力不讨好的事

隐藏的沉没成本

我们常常会谈到成本，但究竟什么是成本呢？经济学家给出的定义是：为了得到某种东西而必须放弃的东西。我们所做的任何选择，都不可避免地要为之付出代价，这个代价就是经济学中所说的成本。因为成本的构成非常复杂，种类多种多样，所以我们并不能简单地说成本就是指花了多少钱。

比如，你周日看了一场电影，看这场电影的成本并不单单指买电影票花的钱（在经济学里被称为"会计成本"），还包括你去电影院的车费，以及为了看这场电影而花掉的时间。这还不算完，因为你利用周日看了电影，所以你将不能再用这段时间去干别的事情，诸如走亲访友、洗衣服，或者读一本书等，这都是你看这场电影所付的成本。

这些被替代的可能性成本在经济学里被称为"机会成本"。机会成本是指决策者从若干备选方案中选定某一方案而放弃其他方案时所丧失的潜在收益。

成本构成复杂，种类多样，有时让人不能一下看清楚，因为它可能不是一次性支付的，而是一项漫长的分期付款。举例说明，你买一件衣服，根据衣服质量与价钱，你马上就可得出买它合算不合算，但是结婚就不一样了。

也许新婚时，你觉得他是如此完美，值得你付出一切，可是共同生活了一段时间后，你便发现了他的许多缺点，根本不值得你付出一生。但为了这段婚姻，你已经投入了太多的成本：有形的如金钱，无形的如青春、感情……这时，你又该何去何从呢？

这就涉及了一个新概念：沉没成本。通俗地说，沉没成本就是指那些已经付出了，且无论如何也收不回来的成本。还以看电影为例，你花 35 元钱买了电影票，也花了相应的时间和机会成本去电影院看电影，可是到了电影院门口，你发现口袋里的电影票不翼而飞了，你又该怎么办呢？

此时，你的心理斗争就开始了：看一场电影花 35 元钱还值，要是花 70 元钱（因为丢了电影票，所以要看这场电影，你必须再花 35 元钱重买一张票）实在是不划算，还是自认倒霉，不看了吧！

如果真是这样，那你就陷入沉没成本的圈套中了。既然你一开始愿意花 35 元钱去看这场电影，那就说明你认为这笔交易是划算的，所以，你应该走出丢了 35 元钱电影票的阴影，再花 35 元钱买一张电影票去看电影。

如果你背着沉没成本这个包袱不放，不再买票看电影而选择回家，那么你的损失会更大：去电影院来回的车费，以及为看电影而花费的时间都将计入你的损失之中。权衡一下，你还是再掏腰包买票去看电影吧！

蓓基的选择

"如果我一年有 5000 英镑的收入，我想我也会是一个好女人。"这是英国作家威廉·萨克雷的名作《名利场》中的女主角蓓基对自己的表白。

赫舒拉发教授就蓓基的上述表白出过这样一道思考题：蓓基的本性究竟是好的还是坏的？如果蓓基的这个表白是真实的，那么我们对此至少有两种解释：

◇蓓基的本性是好的

蓓基想做一个好女人，但是她太穷了，为生活所迫，她做不成好女人。如果她每年有 5000 英镑的收入，她就会做一个本分的好女人。

◇蓓基的本性是坏的

蓓基不愿意做一个好女人，如果每年有 5000 英镑的收入作为她做好女人的补偿，为了这些钱，她会勉为其难地做个好女人。

5000 英镑是蓓基为自己做好女人开出的价钱，也就是她做好女人的成本。"蓓基的本性究竟是好的还是坏的？"这个问题就转化成了"以当时的物价水平来看，5000 英镑是一笔小钱还是一笔大钱？"

如果 5000 英镑是一笔小钱，就暗示着蓓基做好女人的成本不高，说明她极想做一个好女人，只要有了这 5000 英镑可以维持基本生活，她一定会做个好女人。

反之，如果 5000 英镑在当时是一笔大钱，就意味着让蓓基做好女人的成本很高，她本身是不乐意做好女人的，但是若给她一大笔钱作为她做好女人的补偿，她就可以考虑看在这些钱的分上，做个好女人。

那么，5000 英镑在当时到底是一笔小钱还是一笔大钱呢？从稍晚出版的一部作品《福尔摩斯探案》中的描述 "一个女人每年有 60 英镑的薪水就可以过得下去了" 可以推导得出：5000 英镑在当时是一笔大钱，也就是说，让蓓基做好女人的代价是极其高昂的。

在现实社会的博弈中，每个人都有自己的价值尺度。俗话说，"三年清知府，十万雪花银。"知府不是不贪，而是要通过权衡得失，看是否值得去贪。运用到蓓基身上，就是她不是不想做个好女人，而是要看她做个好女人的代价——每年给她的补偿是否足够高。

在与对手的博弈中，显示出自己决不妥协的立场以增加对手的成本无疑是一个有效策略。蓓基就是这样做的，除非对方愿意每年支付给她 5000 英镑的高收入作为她做好女人的补偿，否则她是决不会改变自己的立场，去做个好女人的。

皮洛士的胜利

西方有一个谚语叫"皮洛士的胜利"，它来源于古希腊时期的一场战事。

公元前 280 年，古希腊伊庇鲁斯国王皮洛士应邀援助意大利南部的塔兰托，率领 2 万多士兵和 20 头战象出征意大利，在赫拉克里亚及奥斯库伦与罗马军队进行了血战，并最终取得了胜利，但他自己的损失也相当惨重：士兵大量战死，战象所剩无几。望着尸横遍野的战场，皮洛士感慨道："如果再来一场这样的胜利，我也完蛋了。"

后来，"皮洛士的胜利"就成了代价惨重、得不偿失的胜利的代名词。

"皮洛士的胜利"留给我们的启示是：在做任何决策之前，我们都必须经过仔细的成本估算，如果采取此决策，所得大于所失，就大胆地放手去做；如果所得等于所失甚至小于所失，就应该放弃这个决策，千万不要干吃力不讨好的事。

宋人沈括曾算过一笔战争细账：动用一支由 10 万人组成的军队到远方作战，其后勤补给人员至少需要 30 万人，而运送辎重的兵员最少也要 3 万多人，这些兵员一次最多也只能行军 16 天。如果改用牲畜代替人力运送粮草，虽然效率大大提高——负载的粮食多而耗费的人力少，但牲畜很容易在路途中生病死亡，在这种情况下，牲畜和其所驮物资都要丢弃，因此牲畜运送与人运送相比，利弊各半。

无独有偶，《孙子兵法》这部流传几千年的战略圣书，也并不是以战略或战术问题的探讨开篇，而是先提到了战争成本：无论胜败，一次军事行动都日费千金的人力、物力投入。孙子说："食敌一钟，当吾二十钟。"说的就是从敌人那里获取给养的重要性。因为长途运输一份军粮在路上的消耗，相当于好几份军粮。

在日常生活中，我们经常会面临不同的成本 - 收益问题。最理想的状态，或者说最有效的策略就是：增加对方的投入成本，以己方尽可能小的成本，换取尽可能大的效用。

田忌赛马就是一个通过增加对方的付出成本而改变双方的实力对比，并最终取得胜利的范例。田忌的上、中、下三等赛马都比齐王的同等级赛马略差，但是在著名军事家孙膑的指导下，田忌运用"下驷对上驷，上驷对中驷，中驷对下驷"的策略，在总体实力处于劣势的情况下赢得了与齐王赛马的胜利。

仔细想想，田忌之所以能获胜，关键就在于输掉的第一场。齐王虽然不费吹灰之力胜了这一场，却为此付出了巨大的成本——上等马与下等马之间的实力差距被白白浪费掉了，并且还因此输掉了后两场比赛。

1 美元拍卖游戏

一张既不具备由于错版而产生的意外收藏价值，也不具备特殊的历史纪念意义的普通的 1 美元钞票，竟然能够拍卖出远远大于 1 美元的价格，谁会相信呢？但事实确实如此。

我们将要讲述的是由美国著名博弈论专家马丁·舒比克设计的经典的 1 美元拍卖游戏。

在这个游戏里，如果你对成本没有清楚的认识，就极有可能陷入设计者设计的"骑虎难下"的圈套之中：你一开始参加竞价是为了获得利润，但随着竞价的一步步展开，你发现自己已经为此付出了极大的代价，眼看就要进入一个得不偿失的阶段，但还是看不到胜利的曙光。渐渐地，游戏就演变成了你如何避免损失。

在某个大型拍卖场上，拍卖师举起一张 1 美元钞票，请大家轮流给这张钞票开价，并设定 10 美分起拍，以 5 美分作为每次叫价的增幅单位，出价最高者得到这张 1 美元钞票。但与一般拍卖规则不同的是：除了出价最高者按价付钱得到拍卖品（这张 1 美元钞票）之外，次高价者也要向拍卖人无偿地支付与其出价相符的费用，尽管他什么也没有得到。

如此别开生面的美元拍卖会引起了大家浓厚的兴趣。你可能会想：只要我的出价低于 1 美元，我就赚了，我最高出到 95 美分就行了。

事情果真如你所想的那样容易把握吗？并非如此。

随着竞拍价格的慢慢升高，大多数竞买者退出了竞拍活动，拍卖场上只剩下汤姆和彼得还在继续角逐。假定目前汤姆的最高叫价是 85 美分，而彼得的叫价是 80 美分。若此时彼得停止叫价，则汤姆净赚 15 美分，而彼得损失 80 美分。彼得当然百分之百不会就此罢手，而会追加竞价，叫出 90 美分。

汤姆自然也懂得这个道理，也会同彼得一样选择继续加价。"100 美分。"迫于汤姆的"95 美分"，彼得立刻做出了回应。汤姆也未就此示弱，毫不犹豫地喊出了"105 美分"。彼得咬咬牙，叫出了"205 美分"的高价，汤姆盘算半天，无可奈何地退出了竞价。

1 美元拍卖的最终结果是：彼得以 205 美分的最高价赢得了那张作为拍卖品的 1 美元（1 美元 =100 美分）钞票，净亏损 105（205-100=105）美分；而次高价者汤姆按照拍卖规则，无偿支付给拍卖人 105 美分，净损失也是 105 美分。拍卖人共得到 310（205+105=310）美分，抵消作为拍卖品的 1 美元，净赚 210（310-100=210）美分。

你也许会发出这样一个疑问：当彼得叫出 100 美分时，为什么汤姆明知道再叫下去是亏损的，却还要叫出 105 美分呢？这就是舒比克设计的这个拍卖游戏的特色所在——次高价者要向拍卖人无偿地支付与其出价相符的费用。如果汤姆不继续叫出 105 美分，而是选择退出，那么 1 美元钞票归彼得，汤姆作为次高价者什么也得不到却要付出 95 美分，而叫出 105 美分时，若彼得不再加价，他就可以获得 1 美元钞票，净损失只有 5 美分。

你肯定又要问了，彼得为什么没有按照常理叫出 110 美分，而是叫出了 205 美分呢？因为彼得已经明白他俩都掉进了陷阱，若两人继续较真，他的损失可能更大，所以他被迫决定付出一个沉重代价来结束这场博弈，从而避免更大的损失。那为什么彼得不选择 200 美分或者是 210 美分，而单单要选中 205 美分呢？因为在这个价格上，他和汤姆的损失是一样的。

其实，这个游戏有一个均衡点，那就是某个竞买者第一次就叫出"100 美分"的竞标价，且没有人搞恶作剧追价，拍卖即告终止。因为当一个竞买者叫出 100 美分的价格后，其他竞买者会发现，如果他选择叫价，无论最后他是否得到拍卖品，他的收益均是负的，而选择不叫价，他的收益为 0（得不到作为拍卖品的 1 美元，同时自己也没有损失）。所以，他的理性选择应当是不叫价，让出价 100 美分的那个竞买者得到作为拍卖品的 1 美元。

现实生活中就有不少人正在为"1 美元拍卖"认真地叫着价，其目的就是要争得可能属于自己的区区"1 美元"。比如，有的学生为了获得硕士、博士研究生的入学资格，耗费大量时间与金钱，几次上考场却仍名落孙山，但还是死守不放，有一股不达目的誓不罢休的劲头，却全然不顾从自己身边溜走的好的就业机会。

作为处世的上策，我们最好是避免进入骑虎难下的"1 美元拍卖"中。如果不小心陷入了这样的博弈中，就要想方设法地诱使对方先退出，使对方承担退出的损失；如果确实无法迫使对方退出，那么自己就应该悬崖勒马、及时抽身，尽早退出才是明智之举。

期望效用最大化

当我们对所选策略将要导致的结果未知时，通常会用到属于风险决策理论之一的期望效用最大化理论，根据风险决策的期望值大小来选择那个能给自己带来最大期望效用的备选方案。期望值等于某备选方案发生的概率与其带来的效用（收益）的乘积。

举例来说，A 代表有 30% 的可能性获得 2000 元，B 代表有 80% 的可能性获得 1000 元。这两个选择的期望值分别是：

2000 × 30%＝600；

1000 × 80%＝800。

根据期望效用最大化理论，600 ＜ 800，所以我们应该选择 B。

如果你还是没有理解，也不要着急，下面我们就用一则寓言故事来形象地说明什么是期望效用最大化理论。相信看完这则故事，你一定会茅塞顿开："噢，原来是这么一回事。"

在小学课本上我们曾学过"渔夫与金鱼"的故事，我们接下来要讲的这个故事的主人公还是那个渔夫，只不过金鱼换成了小鱼。

本来渔夫一家可以靠渔夫打上来的那条会说话的金鱼过上富裕的生活，

但因为渔婆的贪得无厌，他们最后什么也没有得到。为了维持生计，渔夫不得不又像从前一样起早贪黑地到海边打鱼。

一天，渔夫像往常一样坐在海边耐心地等待鱼儿上钩。突然水面有了动静，渔夫迅速地提起鱼竿，一看战利品，失望了：鱼钩上吊着一条小得几乎看不见的小鱼。"小的也比没有强吧。"渔夫自我安慰道。可奇怪的事情又发生了，这条小鱼有着和先前那条金鱼一样的特异功能——会说人话。小鱼摇摇鱼尾巴，扮出一副可怜相，细声细气地对渔夫说："我太小了，身上也没有多少肉。你把我放了吧，等我长大了，你再抓我吃掉，不是更划算吗？"

渔夫看着这条会说话的小鱼，一点儿也不吃惊，上下打量它一番，说："是啊，你确实太小了，你说的话也很有道理。但我还是不能放了你。我若真放了你，那我就是世界上第一号大傻瓜了。放了你之后，我怎么能够再次抓住长大的你呢？"渔夫没有放走小鱼，而是把它丢进了深深的鱼桶里。

渔夫的做法就是遵从了期望效用最大化理论。对于小鱼的请求，渔夫面临着两个决策：不放走小鱼或者放走小鱼。但这两种选择的效用却是不一样的：

若选择不放走小鱼，渔夫的收益是确定的，并且现在就可以得到，那就是鱼钩上的这条小鱼；若选择放走小鱼，渔夫的未来收益就是不确定的，或者一无所得，或者若干天后他再次捕获长大后的小鱼，此时他的期望收益是长大后的小鱼与获得它的可能性的乘积，而渔夫再次捕获长大后的小鱼的可能性几乎为 0，即渔夫选择放走小鱼的期望收益也近乎等于 0。

所以说，渔夫选择不放走小鱼的决策是合理的、明智的。

给对方一条生路

焦土政策讲的是不给自己留后路，将自己置于死地，逼迫自己背水一战。而现在我们要说的另一种策略是给对方让出一条生路，以防止对方狗急跳墙、破罐子破摔，从而导致最坏结果的发生。

无论是要挟对方，迫使对方采取某种策略的焦土政策，还是放对方一马，给对方以生路的"宽松"策略，其目的都是想压缩对方的选择空间，使对方按照我们的意志进行策略选择。

在古代战争中，军事家们常常会运用到这个策略。当己方的军事力量强，而对方兵力处于弱势的时候，就要给对方留个逃跑的缺口，使对方不至于死战；如果不给对方以生路，当对方统帅发现自己的军队处于困境，除了拼死一搏而无其他活路时，他通常会自绝后路，选择同归于尽。在这种情况下就会产生两种截然不同的结果：

在绝对优势面前，对方无回天之力，己方最终还是会取得胜利，但是面对对手最后的疯狂反扑，自己的军队也伤亡惨重；

对方拼死挣扎，奋勇杀敌并反败为胜。最好的一个例子就是项羽"破釜沉舟"的故事。

秦朝末年，各地人民纷纷起义，反抗秦朝的暴虐统治。公元前209年，爆发了陈胜、吴广领导的大泽乡农民起义。刘邦和项羽起兵响应，两支军队逐渐壮大起来。

公元前207年，秦将章邯率军攻打当时自称赵王的赵歇。赵王没有防备秦军的进攻，一战就败，只好退到巨鹿（今河北平乡西南）固守，章邯派兵把巨鹿城围得如铁桶一般。赵王星夜向楚怀王求救。楚怀王接到赵王求援的书信，派宋义为上将军，项羽为次将，范增为末将带领起义军北上救赵。

宋义乃一胆小怕事、自私自利的小人，听说要和势力强大的秦军主力拼杀，走到安阳（今河南安阳西南）就号令全军原地休息，不再前进。军中没有粮食，士兵把蔬菜和杂豆煮了当饭吃，他也不管，只顾每天在军帐中饮酒作乐、大吃大喝，从不提出兵援赵的事。

这下可把项羽的肺气炸了。一天早晨，项羽全副武装，大步跨进宋义军帐，当再次要求立即出兵救赵遭到拒绝之后，项羽一剑斩下了宋义的脑袋。将士们听说项羽杀了宋义，都表示愿意服从项羽的指挥，并拥立项羽为"代理上将军"。

一朝权在手，便把令来行。项羽担任援赵大军主帅后，不畏强敌，先派出一支部队，切断了秦军运粮的道路；后又亲自率领主力渡漳河，解救巨鹿。

楚军全部渡过漳河以后，项羽让士兵们饱饱地吃了一顿饭，每人再带三天的干粮，然后传下命令：把渡河的船全都凿穿沉入河里，把做饭的锅砸碎，把行军帐篷放把火统统烧毁。以此来表示他有进无退、战斗到底、一定要夺取胜利的决心。

楚军士兵们都愣了，见主帅的决心这么大，退路也没了，都纷纷盟誓要拼死奋战。在项羽的亲自指挥下，楚军将士无不以一当十，以十当百，个个如下山猛虎，拼死向秦军冲杀过去，直杀得山摇地动、血流成河。经过连续多次交锋，楚军大败秦军主力。秦军主将有的被杀，有的当了俘虏，有的放火自焚。

项羽大获全胜，归来之后，成了真正的上将军，其他诸侯的军队都归他统率和指挥。他的威名从此传遍天下。

当然，给敌人以生路并不是上上之策，而是万不得已的选择。如果兵力允许，可以切断敌人的生路，来个瓮中捉鳖，一举斩草除根、不留后患的话，我们当然会选择干净、彻底地消灭敌人。但给敌人留一条生路，对敌人来说是好的选择，己方更是会因此而取得一个付出少而所得多的好结果。

妥协的艺术

现实生活中的许多比赛都是零和性质的：一方赢，另一方输，且一方赢多少，另一方就要输多少。但随着全球经济一体化进程的加快，WTO 公正、公平的竞争规则得到进一步贯彻，市场秩序越来越规范，那种你死我活的绝杀式的竞争行为正在逐步退出历史舞台，从地球上抹掉敌人的情况少之又少，零和观念正逐渐被双赢观念所取代。

毫无疑问，当处于必须吃掉一方的零和对局中时，任何一方都希望取胜，但是在取胜无望之时，千万不要持有"宁为玉碎，不为瓦全"的一根筋想法，"我得不到，你也休想得到"，最终使零和对局变成两败俱伤的负和局面。而是应该退一步想问题，既然难以毕其功于一役，那我们就要把目光放长远一些，不能取胜，就该谋和，正所谓"大家好，才是真的好"。

在"谋和"的过程中，不可避免地要做出妥协，用让步的方法避免双方发生冲突或争执。妥协不是解决问题的最好办法，却是在没有更好的办法出现之前的最好的选择。原因有如下几点：

◇适当妥协可以避免人力、物力、时间等资源的继续投入

也许你认为妥协是弱者的专利，强者是不需要妥协的，因为他资源丰

富，承担得起与对手打持久战带来的消耗。那么，你肯定没有读过"皮洛士的胜利"的故事，相信读过之后你就不会有此定论了。

当弱者以飞蛾扑火之势咬住强者时，纵然强者最后还是会取胜，但也是惨胜。再来几次这样的胜利，恐怕强者也要沦为弱者队伍中的一员了，所以强者在某种状况下也是需要做出适当妥协的，这不是为了道德正义，而是为了避免逼虎伤人，给对方，也给自己一个喘息、休整的机会。

◇可以借妥协之便，扭转己方的劣势

当对方提出妥协时，表示他有力不从心之处，或是战争物资缺乏，或是人员兵力不足，他需要透透气，还有一种可能就是他有放弃这场战争的打算；如果我方提出妥协，而对方也十分乐意接受，并对你提出的条件没有异议，就表示他有心终止这场战争，否则他是不会放弃唾手可得的胜利果实的。不论哪方提出妥协，都可能创造出一段和平的时间，而你就可以充分利用这段时间引导战争态势向着有利于自己的方向转变。

◇可以维持自己的存在

如果你属于对局双方中的弱势一方，并且主动提出妥协，就极有可能要付出相当大的代价。在这种情况下，要有不惜割肉求和的决心。虽然妥协的代价很大，却换得了自己的存在。"留得青山在，不怕没柴烧。"存在是一切的根本，没有存在便谈不上未来。也许这种附带条件的妥协对你来说是极不公平的，甚至是让你感到委屈的，但用忍辱换得存在，换得有朝一日重新翻牌的希望，也是值得的。

从上面提到的几点来看，妥协并不像有些人认为的是屈服、软弱的投降动作，而是非常务实的、可以通权达变的智慧之举，是现代社会关系中一种可以改变现状、转危为安的重要谋略。毕竟人要生存，靠的是理性进退，而不是意气用事。

125

第八章

柠檬市场的怪异现象

麦穗理论

麦穗理论是西方择偶观里的一条著名理论。该理论说的是：我们寻找人生另一半的过程就如同走进一块麦田，在穿过整块麦田的途中会有许多麦穗向我们招手示意，致使我们挑花了眼，不知道哪一株才是真正适合自己的，自己到底应该摘取哪一株，因而就会有踌躇与彷徨，遗憾与悲伤。

麦穗理论来源于一个与古希腊哲学家苏格拉底有关的故事。

一天，哲学大师苏格拉底的三个弟子向老师求教道："我们如何才能找到自己理想的伴侣呢？"苏格拉底没有正面给出回答，而是带他们三个来到了一块麦田旁。让他们依次穿过这块麦田，并在穿行麦田的过程中摘取一株最大的麦穗，但是有一点必须强调一下：他们不能走回头路，并且只能摘取一株。

第一个弟子在麦田中刚走了几步，便看见一株明显大于周边同伴且还算饱满的麦穗，心中一阵得意，以为自己就是天底下最走运的人，于是毫不犹豫地摘了下来。反正时间还早，就再看看呗！于是，他继续前行。这一前行可不得了，真把他给气坏了，前面竟有许多麦穗比自己摘的那株要大很多。世间要是有后悔药就好了，可世间有吗？没有。所以，他只得遗憾地走完了全程。

第二个弟子吸取了前面那位师兄的教训，"一定要沉得住气，不要轻易下手，千万不可重蹈师兄的覆辙。"他一再地这样告诫自己。左顾右盼，东挑西拣，每当他看到一株大的麦穗要采摘时，"要三思啊，后面可能还有更好的"。师兄失败的前车之鉴就在眼前，于是，他把欲摘麦穗的手又缩了回来。

可他却忽略了先人的警句："不要坐失机会，当时机把有头发的头伸出来而没有人去抓时，回头它便会伸出一个秃头来。"当他快走到麦田边时才发现，前面那几个最大的麦穗已经错过了，只好将就摘了一株。一般来说，越靠近地头的麦穗，长得越干瘪，所以，他摘得的那株当然称不上是最大的了。

有先下手而致失败的前例，也有后行动也不成功的后例，第三个弟子可以说是在经验上有了充足的借鉴，是有备而进麦田的。他是这样考虑的：把整块麦田分成三份，在前 1/3 麦田里将麦穗分成大、中、小三类；在中间的 1/3 麦田里对前面所分的类别进行验证；在最后的 1/3 麦田里下手，摘取属于大类中的那株最美丽的麦穗。虽然不一定是整块麦田中最大最金黄的那一株，但他迫于规则的限制，自己已经尽可能地争取到最好的结果了，因此，他满意地走完了全程，也摘得了一株相对饱满的麦穗。

苏格拉底给弟子的这个无言的回答让人回味无穷。仔细一想，人生不正如穿越麦田嘛，只走一次，不能回头。要找到最适合自己的那株麦穗，必须有莫大的勇气并付出相当的努力。有的人下手太早，一进麦田就迫不及待地摘下了一株自认为是最饱满、最美丽的麦穗，沾沾自喜。结果在麦田里走得越深，越会发现还有更加饱满、美丽的麦穗，但是自己却没有了再摘取的机会，后悔吧？郁闷吧？

而有的人是考虑太多，一路走，一路挑，挑来拣去，埋怨这株麦穗不够饱满，抱怨那株麦穗不够漂亮，觉得大麦穗总在后面，始终没有下定摘取的决心。结果走着走着，不觉已经到了麦田的尽头，发现自己身边的麦穗越来越少。最后，迫不得已，只好将就着摘一株充数。不用说，麦田尽头的麦穗肯定是又瘦又小的。事后比较才发现，自己挑的这株是所有麦穗中最小最难看的，更后悔吧？更郁闷吧？

　　生活就如同经济学上所讲的，任何一个问题从来都没有最优解，而只有最满意解，甚至是只有相对满意解。每个人都想找到自己的真命天子或者白雪公主，但是现实生活总是存在着偏差，就如同你在麦田里摘取了一株麦穗之后，总是会发现田里还有比自己手中的更大的麦穗。和我们共度一生的那个人，很可能不是人群中最出众的一个，但只要我们喜欢，这就足够了，正所谓"我选择，我喜欢"。

　　其实，找到并摘取麦穗只是辛苦耕耘的开始，是漫漫长路迈出的第一步，关键还在于你能否在麦穗被拔起后为它找到一片适合生长的土壤，并按时浇水、除虫、施肥，让它长得更大、更壮。

你的爱情值 5000 万吗?

选择麦穗是每个人都要经历的一个过程。每个人都在挑选麦穗,同时,每个人也都作为麦穗被别人挑选着。既然如此,那谁都有被挑上和被抛弃的可能,那么,我们要怎么做才能挑选到好的麦穗而又保证自己不被对方抛弃呢?

讲到这里,我突然想起了曾经在网上看到过的一个小故事。在一个盛大的派对中,有人做了这样一个试验:

他拿起麦克风,用标准的普通话向所有嘉宾宣告说:"我非常愿意用 50 元买任何人的女朋友。"他话刚出口,就立刻遭到了在场所有人的唾骂,每个人都对他嗤之以鼻,骂他是神经病。

他清清嗓子,不慌不忙地说:"你们先别急,我还没有说完呢,如果你们不同意,我可以出 500 元。"结果他又被痛骂了一顿。

"5000 元,总可以了吧?"置身于众人唾骂声中的他并没有要放弃的打算,但得到的还是一顿臭骂。

他越挫越勇,一步一步地加大数额。当他出价到 5 万的时候,已经有人开始动心了。

"50 万。"他大声喊道。此时,已经有一半人动摇了,他们在心里默默地盘算着："我是不是该同意呢？我的那一位值这个价吗？"但仍有不少人还坚信爱情，顽强地坚守着。

"500万。"当他喊出这个价码的时候，绝大部分人已经投降了，有人直接喊道："给我，我立即把女朋友给你，爱情在500万面前不算什么！"是啊，有了500万，什么样的女人不是唾手可得的？毕竟没有谁真正不食人间烟火，更何况如今也早过了那个"非卿不娶"的忠贞年代。

"1000万。"没有人再坚持了。爱情在金钱庞大的攻击下，彻底瘫痪了。那些刚才在50元面前自以为圣洁崇高、相信爱情不可亵渎的大男人，都乖乖地跪倒在了金钱的脚下。

做试验的男人哈哈一笑，说："也许你们每一个人都相信自己的爱情是纯洁的、伟大的，是神圣不可侵犯的。但那只是因为你们没有碰到足够大的诱惑，金钱的砝码还不够重。当有人出价5000万还买不走你的爱人时，也许你确实找到了真正的爱情，但我们在座的各位有几个人会这样做呢？"

稍作停顿之后，他接着说："你们想保护自己的感情不受到金钱的腐蚀吗？""当然了。"嘉宾们又恢复了先前的一致。他也没有卖关子，直奔主题说："很简单，那就是不断努力，提高自身的价值。当你的价值超过5000万的时候，对方肯定会不加考虑地选择跟你在一起。"嘉宾们相互点头肯定。

其实，人世间有四样东西一去不复返：说过的话，泼出去的水，虚度的年华和错过的机会。爱情对于每一个人来说，都是上帝赋予我们的一次选择机会，可是当爱情和金钱两者相冲突的时候，我们又会做出何种选择呢？

"贫贱夫妻百事哀"，当爱情遭遇到物质匮乏的时候，感情是可能被扭曲的。抛开人自私自利的劣根性和自命清高的不切实际性，爱情和金钱的关系有时候会表现为：爱情≤金钱。这也可以说是一种麦穗理论。

切勿陷入"霍布森选择"的圈套

夏娃对亚当说："亲爱的，你爱我吗？"

亚当叹了一口气，说："当然了。除了你，我还能有什么别的选择呢？"

这一段对话反映出了经济学中的一个常用概念"霍布森选择"。这个名词来自 17 世纪 30 年代英国一位叫霍布森的马场老板。

霍布森在卖马之前，会向所有顾客郑重承诺：只要您给出一个低廉的价格，就可以在我的马圈中随意挑选自己喜欢的马匹。同时，他还有一个附加条件：顾客挑选好的马匹必须经过他设计的一个马圈门，可以牵出马圈门的，此笔生意就顺利成交；马匹过不去的，这笔生意自然就算黄了。

其实，这是一个圈套。

因为他设计的那个卖马专用的马圈门是一个很小的门，大马、肥马根本就牵不出去，而能牵出去的都是一些小马、瘦马。显然，霍布森的这一附加条件实际上就等于告诉顾客：好马不能挑选。可还是有很多人并没有意识到这一点，在马圈里挑来拣去，自以为捡了个大便宜，完成了满意的选择，其实结果却大都不遂人意。

后来，这种没有选择余地的挑选，就被人们讥讽为"霍布森选择"，其实就是没有选择的变相说法。

在领导者的管理工作中，就存在着大量与"霍布森选择"类似的现象。

比如，一个公司老板在挑选部门经理时，打着公开、公平、公正的大招牌，却往往只将目光放在自己的社交圈子里，选来选去，使得"霍布森选择"的情形重新上演。

其实，公司老板作为为公司选择"千里马"的"伯乐"，应跳出"马圈"（公司内部或者说是老板自己的社交圈），到"大草原"（国内、国际两个市场）上去选真正的"千里马"。一般来讲，选取"千里马"的"大草原"越广阔，公司就越容易选到世界级的"千里马"。

又如，有的领导者在给下属布置任务时，嘴上说的是让下属放手去干，给他们充分的锻炼机会。但在执行任务的过程中，他却并不放心，总是对下属指手画脚，要求他们应该这样做，不应该那样做，等等。如果发现有谁没有完全按照他的思路去做，就会很不高兴，甚至会换人。

社会心理学家指出：谁如果陷入"霍布森选择"的困境，谁就无法进行创造性的工作、学习和生活。道理很简单，在"霍布森选择"中，人们自以为做出了抉择，而实际上其思维和选择的范围都是很小的。有了这种思维的限制，当然就缩小了自己主观能动性发挥的空间，也就不会产生创新。所以"霍布森选择"可以说就是一个陷阱，让人们在进行伪选择的过程中自我陶醉，进而丧失自主创新的时机和动力。

因此，我们说"霍布森选择"——这种没有选择的选择，实际上就等于扼杀创造力，是阻碍企业壮大、阻碍社会发展的主要阻力之一。所以，我们要擦亮自己的双眼，切勿被表象迷惑而进入别人为自己设计的"马圈"中。

买方市场下，如何与消费者博弈？

在很长一段时间里，"霍布森选择"曾被人们奉为一种成功的营销策略。

世界著名的汽车生产企业——福特汽车公司的创始人亨利·福特在一次销售策略总结会上就曾经说过这么一句话："你可以订白色的、红色的、蓝色的、黄色的、黑色的……订什么颜色的汽车都可以，但是我生产出来的汽车只有黑色的。"

亨利·福特用语言和行动证明了"霍布森选择"。福特汽车公司的成功在一定程度上说明了这一策略选择的正确性，但在变幻莫测的当今市场，如此好的销售位势已经越来越难看到了，我们看到的是如下一些调查数据：

只有9%的观众可以准确无误地说出刚看过的电视广告的品牌名称；

只有3%的散发出去的餐厅、购物等优惠券被使用；

只有1%的互联网广告被人们点击；

……

这种种数据足以表明，过去那种由卖方掌控的、可以随意实施霍布森选择的卖方市场一去不复返了，而由买方说了算的、消费者越来越不容易满意的买方市场来临了。"如何与消费者博弈，以拿到进入他们心中的门票"成了每一个现代企业管理者所面对的现实问题。

被公认为现代营销学之父的菲利普·科特勒认为，市场层面包含了产品或服务竞争的若干维度，它们分别是需求、目标和场合。任何一种产品或服务都不能脱离这些维度而存在。因此，只要稍稍对先前采取的营销策略的维度加以改变，以一个全新的维度替代另一个被淘汰的维度，诸如"增加一个维度""去除一个维度""组合两个维度""为某个维度换序"等，我们就可以得到新的产品或服务组合，从而使产品链大放光芒，销量激增。

听起来似乎有些难以理解，但运用起来却非常简单。举例如下：

拜耳公司的阿司匹林在止痛剂市场有许多竞争对手。拜耳通过电视宣传阿司匹林除了有镇痛作用外，还有预防心脏病的效果。这一新效用为拜耳公司带来了额外的销售额和较高的品牌忠诚度。

在游客不多的冬季工作日里，游乐园管理者想到了将场地租给公司开销售会议。会后，公司员工可以在游乐园里享受一段美妙的欢乐时光。这样，冬天死气沉沉的游乐园又恢复了夏日里的热闹。

"全家"是一种24小时营业的小便利店，它们的出现迎合了那些工作到深夜且白天又没有时间购物的职场人的需求。

……

虽然消费者不是摆在我们面前，任我们肆意雕琢的一块石头，但是我们手中的产品却是可以成为我们大卖事业的一块基石。塑造了著名雕像《大卫》的意大利伟大画家、雕塑家米开朗琪罗，在谈到自己的创作体会时，说了这么一句话："我没有多做什么，大卫本来就藏在石头里，我只是把多余部分去掉而已。"

正如法国著名雕塑家罗丹所说的："生活中从不缺少美，而是缺少发现美的眼睛。"产品的销路也不是固定的一条两条，而是有千万条，关键是你有没有发现销路的思维。如果你沉溺于"霍布森选择"的迷魂阵中不能自拔，纵使有千万条销路，你也看不见。

选择越多，抉择越难

"霍布森选择"其实就是没有别的选择。别无选择虽然令人无奈，却没有太多的顾虑，你只能这样走下去，就如亚当只能爱夏娃一样。太多的选择却往往令人眼花缭乱，虽说有选择比没选择要好得多，但要从诸多选择中找到最优选择却并非易事，甚至会出现"食物面前饿死""活人让尿憋死"的荒唐事。

《拉封丹寓言》中一篇题为《布里丹的驴子》的故事，说的就是这么一件食物面前饿死驴的稀奇事。

一位名叫布里丹的法国哲学家养了一头毛驴，还真是应了那句"近朱者赤，近墨者黑"的说法，哲学家养的毛驴就是和普通人养的不一样：这头毛驴特别喜欢思考，做任何一件事之前总要经过深思熟虑，连吃饭也不例外。

有一次，主人外出办事要天黑后才赶得回来，就打破了一顿饭放一堆草料的常规喂法，而将两堆稻草一并放在了这头毛驴面前，作为它的中餐和晚餐。这下可把这头爱思考的毛驴给难住了，马上就十二点了，毛驴饿得发慌，却不知从何下嘴。这两堆稻草无论从体积上来说，还是从色泽上来看，都不相上下，因而它无法分辨出谁优谁劣。这使得毛驴无所适从，没有理由选择先吃其中的一堆而后吃另外一堆。它左看看，右瞅瞅，始终不知道应该先吃哪一堆才好。

可怜的毛驴忍着饿肚子的痛苦，站在原地不能举步，数量、色泽、老嫩程度等等，毛驴一丝不苟地对眼前的两堆草料进行着全面分析，犹犹豫豫，来来回回，最后竟在两堆美味的稻草面前活活饿死了。

布里丹毛驴的困惑也常常折磨着聪明的人类。

比如，经常被人提及的一个问题："如果有一天你的老婆和你的母亲同时掉进河里，你会先救哪一个？"被问话的那个男人此时就处于一种类似于毛驴的处境之中。

就算你可以把两个人都从河里救出来，但这个"先"字却是要命的，它包含着一种孰近孰远的抉择在里面。

有人会说应该先救母亲，因为老婆没了可以再娶，而亲娘却只有一个；也有人持相反的观点，认为应该先救老婆，因为陪伴自己度过后半生的是年轻的老婆而不是年迈的老娘，况且，即使可以再娶，但爱情却是不能被克隆的，是唯一的。

然而，就是这么一个让男人百思不得其解的问题，竟被一个天真无邪的孩子给出了简单而干脆的答案："用得着考虑太多吗？哪一个离我近我就先救哪一个啊！"

不错，也许这就叫抉择，抓住刹那间离自己最近的东西。抉择是不等人的，不要因为奢望得到最理智、最正确、最完美的结果而犹豫不决，在刹那间你本能地认为应该选择的就是正确的，而且永远都不要回头。

又如，现在大学生、研究生的心理疾病发病率要远远高于一般人。为什么呢？难道真的是他们自己身在福中不知福，自己给自己找不痛快吗？当然不是，发病率高的原因正是因为他们的学历高，社会地位高，拥有比常人优越的现实条件，这就意味着他们有广阔的选择空间，而可供选择的机会越多，他们内心的挣扎就越厉害，内心的矛盾冲突也就越多。由此看来，他们不就是一头被知识武装了头脑而又被现实冲昏了头脑的布里丹毛驴吗？

就拿择业来说吧，文化水平低或者没有什么专业技术的一般人，可供他们选择的范围很小，只要有一份可以糊口的活儿干，他们就会很乐意地去做；而受过高等教育的大学生、研究生就不同了，他们可以从事的工作很多，自由选择的空间很大。"究竟要选择做什么工作呢？"他们开始了激烈的心理挣扎，心理疾病也由此而生。

选择是不容易的，做出选择的过程更是一个非常复杂的对比分析过程。以下是关于选择的几点原则性建议：

◇放弃完美化的要求，从现实入手

供我们选择的多种备选方案，可能都不是最好的，都需要我们做出相应努力之后才有可能变成相对较好的。你根本做不出最好的选择，因为它根本不存在。所以，从现实状况入手，立即行动才是最重要的。

◇让自己别无选择，果断下手

供我们选择的所有方案都各有利弊，我们往往无法精确地衡量每个方案的利弊大小，一时难于做出抉择。但与其花太多的精力去做细致的比较，倒不如根据自己的偏好果断选取其一，然后集中自己有限的精力，专心致志地为之拼搏，可能会使我们获得比较丰厚的回报。如果长久地处于犹豫不决的状态，则可能导致种种不良的后果。

◇推迟大的决策，从小处着手

有些不良后果是因为当事人掌握的信息不充分而过早地做出最终决定所致。比如，24岁的某男，与某女接触不久，便坠入情网，下了定论：她就是自己一生要找的人。于是勿忙结婚，婚后才发现她并不是自己喜欢的类型，并且还有许多自己容忍不了的缺点，后悔呀！

倘若那位男士在婚前生活的点滴之处对对方多一些了解，就可以对她有一个更全面的认识，也就不会造成今天这个局面了。总结成一句话，就是：小选择需趁早，大选择宜推后。

柠檬市场：优不胜劣不汰

在市场竞争中，正常的选择法则是择优汰劣，但是在实际生活中，却有一种现象是优不胜劣不汰，甚至是劣胜优汰，这就是逆向选择。

逆向选择最经典的例子是美国著名经济学家乔治·阿克尔洛夫在 1970 年发表的《柠檬市场：产品质量的不确定性与市场机制》中提出的"柠檬市场"中的一个特例——著名的二手车市场模型。阿克尔洛夫是规范描绘"柠檬市场"的第一人，此后涉及信息不对称和逆向选择的市场问题，都归类为"柠檬问题"。

何谓柠檬市场？

在解答这个问题之前，我们先对柠檬做一个大致的了解。柠檬是世界上极具药用价值的水果之一，富含维生素 C、柠檬酸、苹果酸、高量钾元素和低量钠元素等，对人体十分有益。因其味奇酸，肝虚孕妇最喜食，故又称"益母果"或"益母子"。

柠檬的表皮金黄诱人，但内瓤却酸涩不堪，所以，美国人通常把从外观难以发现的次品或不中用的产品比喻为"柠檬"。柠檬市场，又称为次品市场，是指信息不对称（即在市场买卖中，卖方对产品的质量拥有比买方更多的信息）的市场，旨在说明逆向选择导致了市场的低效率，市场失灵。

二手车市场不同于买主直接从厂家或经销商处买车的一手车市场。在购一手车时，买主可以认牌子、商标，厂商可以提供产品的质量保证，从而可以有效地降低顾客因产品质量的信息不对称而可能造成的损失。但是，在二手车市场里，处于待卖中的车都是旧车，此时只通过看品牌来确定车的质量好坏就显得不那么有效了，因为旧车中加入了更多的车在以前使用过程中的磨损。

在二手车市场上，买主与卖主之间对于所要交易的旧车存在着严重的信息不对称，卖车人比买车人掌握了更多有关所售汽车的质量情况的信息，但卖车人是不会将这些信息原原本本地告诉买车人的。潜在的买车人当然也知道这一情况，但他要想确切地辨认出所买的二手汽车质量的好坏是非常困难的，最多只能通过外观、介绍及简单的现场试验等来获取有关此车质量的信息。

然而，潜在买车人可以获得的这些信息又很难准确地判断出此车的质量，因为旧车的真实质量只有通过日后长时间的使用才能看出，但这一有效途径在旧车市场上是不可能实现的。所以说，二手车市场上的买车人在购买汽车之前，无从得知哪辆汽车是高质量的，哪辆汽车是低质量的，他们只知道二手车的平均质量。

在这种情况下，买车人唯一可以有效避免信息不对称带来的风险损失的手段就是按照平均质量出价。这样一来，卖车人自然只会把平均质量以下的车摆上台面，从而导致高质量汽车的卖者将他们的汽车撤出二手车市场，低质量的汽车充斥着整个二手车市场。

在二手车市场上，高质量的汽车在竞争中失败了，市场选择了低质量的汽车。这与常规的市场规律"高质量诱导出高价格，低质量导致低价格"相悖，二手车市场上出现的逆向选择使得市场上出现了价格决定质量的反常现象。如果二手车市场不加约束，继续采取放任态度，最后必然是自取灭亡。

裁员或减薪的选择

据某报报道，前段时间某城镇发生了一件怪事：

该地区农贸市场一个米店的店主挂出了一个让人匪夷所思的招牌：顾客每买本店一袋大米，都要同时买一小袋沙子。

见过抢劫的，可还从来没见过这么明目张胆索财的，这到底是怎么回事呢？

店主一副无可奈何的表情，他解释了其中的原因：原来该市场上销售的大米普遍掺有沙子，掺沙率最高达到了 30%，平均也达到了 10%。这家店的店主怎么也不愿意味着良心赚钱，可在周围同行都掺沙的浪潮中，自家店的生意举步维艰，连生存都要维持不下去了。

在无情的市场法则和经济压力面前，店主选择了同流合污。但他还是不忍心把脏兮兮的沙子掺进白花花的大米中，于是，就出现了本文开头那一幕。

有人贬斥店主的这种类似于明抢的恶劣行为为缺德，店主反驳说："真正缺德的是那些把沙子掺进大米里的人，我也是被逼无奈才出此下策啊！我这么做等于是把沙子给你们拣出来了，不硌你们的牙，省了你们的事，再说我也就搭了个市场上的平均数啊！如果不搭这沙子，我哪来的生意啊（因为不掺沙子的大米价格会高，卖不动），我又靠什么生活下去啊？"

这种现象套用一个经济学定律就是"劣币驱逐良币"。它描述的是这样一种历史现象：在铸币时代，若市场上有两种货币：良币（成色好、分量足的铸币）和劣币（低于法定成色或分量的铸币），只要两者所起的流通作用等同，人们就倾向于使用劣币，而将拿到手的良币收藏起来，或者积累起来重新铸造成数量更多的劣币。久而久之，良币就退出了市场，而只留下了成色不好或分量不足的劣币在市面上流通。

通俗地说，"劣币驱逐良币"就是指人们更愿意使用坏钱而不是好钱，结果坏钱把好钱排挤出了流通市场。道理很简单，比如我们在买东西的时候，都会选择性地先掏出钱包里的旧钱而留下票面较新的钱币。

在存在大量制度漏洞，缺乏监管的市场中，仅仅依靠市场自身的调节机制，很容易出现"劣币驱逐良币"的现象。

还有一个故事，说的是一家公司因经营不善而面临两个选择：一是所有员工减薪 20%；二是公司裁员 20%。从逆向选择的观点出发，公司负责人应该选择后者。原因如下：

假如公司领导选择前者，号召所有员工同舟共济，全体减薪 20%，如果没有极其过硬的企业文化做支撑，公司很难以此办法渡过难关。因为公司现在处境不佳，前景不明，有能力的员工最有可能选择辞职而去找薪水更高的工作，因为他们依靠自己过硬的技术或人脉关系比较容易找到工作。而留下的只是一些丢了这个饭碗，就很难再找到别的饭碗的平庸的"柠檬"。

也就是说，所有员工减薪 20% 的措施可能会造成对公司发展不利的逆向选择现象，越是想要留住的员工，其离职的可能性就越高。相比之下，裁员 20% 就没有了这种担心，并且还可以淘汰表现最不理想的员工，在员工之间形成一种无形的激励机制。

第九章

神奇的概率

概率，并不神秘

我们当中的很多人听到"概率"一词就觉得害怕，总认为这个词太高深莫测，太"数学化"，太抽象化。其实，概率并不像人们想象的那么深奥，它与我们常说的机会差不多可以画上等号，只是数学家们赋予了它一个比较拗口的名字而已。

不要忽略了这样一个很浅显的道理：一个不懂得二进制工作原理、不会编程的人照样可以成为电脑应用高手。没有高深的数学知识，我们同样可以通过学习概率而成为生活中的策略高手。就如齐国军师孙膑没有学过高等数学，但这并不影响他通过策略帮助田忌赢得赛马比赛。

概率就是用来表示随机事件发生的可能性大小的量，一般以一个介于 0 与 1 之间的分数表示。概率值为 0 表示某件事绝对不会发生；概率值为 1 表示某件事一定会发生或已经发生；至于其他介于 0 和 1 之间的分数值则表示处于两个极端之间的、可能发生也可能不发生的情形。听起来似乎有点儿循环论证的味道，其实就是这么一种情况！

必然事件——其概率值为 1；

不可能事件——其概率值为 0；

或然事件——介于必然事件与不可能事件之间的事件，其概率值为 0 与 1 之间的某个分数。

比如，向空中投掷一枚硬币（排除硬币币脊立在地面上的特殊情况），我们可以说，"这枚硬币落下时，不是正面朝上就是反面朝上"，这是一个必然事件，其概率值为 1；"这枚硬币落下时，既不是正面朝上也不是反面朝上"，这是一个不可能事件，其概率值为 0；这枚硬币落下时，正面朝上（或反面朝上）的事件为或然事件，其概率值为 0 与 1 之间的一个分数。

简单来说，概率就是随机事件出现的可能性。何谓随机事件？它是相对于确定性事件而言的。在自然界和人类社会中，事物都是相互联系并不断发展的。根据事件是否有必然的因果联系，我们可以将其分成两大类：

一类是确定性现象——在一定条件下，必定会产生某种确定结果的现象。它又可分为必然事件和不可能事件两类。

在一定条件下，肯定发生的事件叫作必然事件。如在适当的温度下经过一段时间的孵化，正常的受精鸡蛋必然会孵出小鸡来；太阳一定会从东方升起等。肯定不发生的事件叫作不可能事件。如一块石头肯定不可能孵出小鸡来；太阳一定不会从西边升起等。

另一类是随机现象——在一定条件下，多次进行同一试验或调查同一现象，所得到的结果不完全一样，而且无法准确地预测下一次所得结果的现象。随机现象的表现结果称为随机事件。如一个正常的受精鸡蛋在特定的温度和时间下会孵出小鸡，这只小鸡可能是雄性的也可能是雌性的，小鸡在孵出之前是不能确定性别的，这是一个随机现象。若孵出一只雄性鸡，这就是一个随机事件。

美女还是老虎？

在日常生活中的许多决策面前，决策者经常会遇到这样的情况：没有确切可信的信息可以指导自己做出正确的选择，而只能凭一些片面的，或者说是自己想当然的已知条件，从几个备选方案中挑选一个。在这种情况下，我们就不得不靠自己的运气了。但是，除了靠天命之外，我们就真的束手无策，只能坐以待毙，任凭命运摆布吗？

先来看一个著名的故事：美女还是老虎。

从前，有个国王发现公主与一位英俊潇洒的青年私订了终身，十分生气，一怒之下打算杀掉那个青年，以泄自己的心头之恨，也好断了公主的念头。可国王禁不住公主的苦苦哀求，深思熟虑之后决定网开一面，给这个青年一次可能活命的机会：

把青年送进竞技场，竞技场上设置了标有一、二、三、四、五编号的五扇一模一样的门，其中一扇门后卧有一只老虎，另外四扇门后各坐着一个美女。青年必须依次打开这五扇门。

当然，他有一次选择老虎在哪扇门后的机会，除了这扇他认为可能藏有老虎的门不用打开之外，剩下的四扇门他必须都打开。如果青年猜错而误打开了有老虎的那扇门，他就得和那只老虎打一架。打赢了老虎，他就能活命；打输的话，结果就可想而知了。并且，国王还以自己的尊严保证：老虎一定会在这个青年的意料之外出现。

这个青年当然拿不准老虎到底在哪扇门之后。从五扇门中随机选择一扇，也就是说，他猜对的机会只有20%。可青年转念一想："国王命令我依次打开这五扇门，如果我顺次打开前四扇门，迎接我的都是倾国倾城的美女而不是面目狰狞的老虎，那么我肯定就知道老虎一定在第五扇门后，这就不算是意料之外了，但国王曾以尊严保证，老虎一定会在我意料之外出现。因此，国王不会将老虎设置在第五扇门之后。"

这真是一个伟大的发现，它使青年猜对的概率一下由20%上升到了25%，他当然不会就此罢休，而会乘胜追击，举一反三："第五扇门排除了，同样的逻辑是不是也适用于第四扇门呢？如果依次打开前三扇门，都没有看到老虎，而刚才又推理得出第五扇门后肯定没有，那就一定在第四扇门后了。既然能被我推理得出，那就说明这又在我的意料之中了。因此，国王也不会将老虎设置在第四扇门之后。"

同理可推，第三扇门、第二扇门和第一扇门之后都不会有老虎，因为它们都在我的意料之中。最后，这个英俊潇洒的青年得出的结论是："国王只是想考验一下我的智慧，其实五扇门后都没有老虎。"于是，他高高兴兴地打开了第一扇门，里面的美女朝他微微一笑。有了佳人的认可，他信心更足了，唱着歌把手放在了第二扇门的把手上，轻轻一拉，结果真的是出乎他的意料，凶猛的老虎跳了出来……

青年打赢那只老虎了吗？或许他是个武松式的打虎英雄，成功保住性命；或许他只是一个手无缚鸡之力的英俊小生，命丧老虎口中。但这不是我们要重点考虑的问题，我们的问题是：这个青年的逻辑为什么错了？又错在哪儿了？

　　大部分数学家都认可青年的第一次推断：老虎肯定不在第五扇门后。但一旦认可了这一步，就很难否定后面据此推理得到的结论（第四、三、二、一扇门后都没有老虎）。就是说如果国王说话算数（保证老虎会在意料之外出现），那么他就不能把老虎放在任何一扇门后，因为老虎放在任何一扇门后都在青年的意料之中。

　　可问题是：一旦青年经过推理得出，五扇门后都没有老虎，那么就可以说老虎出现在任何一扇门之后，又都在这个青年的意料之外了，这样看来，国王还真是金口玉言，说话算数。

　　但是，我们也很容易推翻这个青年一开始得出的结论，即他依次打开前四扇门，都没有看到老虎，那么，他真的就可以根据国王所说的"老虎一定会在他的意料之外出现"就肯定老虎不在第五扇门后吗？答案是否定的。因为他若是这样认为的话，那么老虎放进第五扇门之后岂不就成为出人意料的了吗？

　　不要简单地认为这只是玩文字游戏，它其实说明了一个道理：当我们以某些我们自己认为是正确的已知条件为判断依据时，我们会发现自己的直觉是多么不可靠。我们根据经验、常识和已知条件得出的千真万确、合情合理的结论竟是错误的，我们的第一反应是不相信事实怎么会跟自己的推理相悖；第二反应是事实胜于雄辩，我们推理得出的结论肯定是错的，接着就想弄明白到底是怎么一回事。当然，如果没有一点儿概率学知识垫底，想弄明白也是不容易的。

幸运者的难题

我们每天都生活在一个由诸多不确定性事件构成的世界中：商人当前的生意很好，但他不知道什么时候又会出现一些类似"非典""禽流感"这样的突发事件而导致他破产；他现在非常爱她，但她不能肯定他会爱她一辈子；尽管从选举前的情形和自身实力来看，某竞选者上台的可能性很大，但在结果出来之前，我们不能保证他 100% 当选；保险公司的职员更是经常与不确定性事件打交道……正是生活中的许许多多不确定性事件，才使得社会如此丰富多彩。

一般来说，人们对概率存在着三种解释：

概率为事件发生的频率。比如：向空中抛硬币，落到地上后出现正面的概率是指出现正面的次数与总的抛硬币次数之比；

概率为命题之间的逻辑关系。比如："一只猫是白色的"与"所有猫是白色的"的包含关系；

概率为人们对外界某一事件发生的相信程度。比如：张三认为王五来参加此次舞会的可能性是 0.3，李四认为是 0.5。

这就是人们对概率的频率主义、逻辑主义和心理主义的三种解释。它反映了人们在实际生活中对概率的三种不同用法。

下面我们就来讲一个有关概率的频率主义的小故事。

某地方电视台为了达到与观众互动的目的，特举办了一档每月一期的游戏节目。节目的名称为"幸运者的难题"，参与人为主持人和一名从当月观众中抽出的幸运者，规则是在幸运者面前设置三扇标有 A、B、C 编号的紧闭的门，其中一扇门后面有一辆汽车，另外两扇门后面什么也没有，让幸运者挑选一扇门：如果他选中的那扇门后面有汽车，他就开着汽车回家；如果他选中的那扇门后面什么都没有，他就只能一无所得，失望而归。

淼淼很走运，成了当月的幸运观众，同主持人一起站在了三扇紧闭的门前。看着眼前这三扇一模一样的大门，淼淼犯难了：到底选哪扇门呢？无从得知，只能听凭命运安排吧，她随机选择了 C 门。无论 C 门后面有没有汽车，可以确定的一点是剩余的 A 门和 B 门中肯定有一扇门后面什么也没有。

主持人作为电视台内部的工作人员，理所当然地知道汽车在哪扇门后。在淼淼选择了 C 门的情况下，主持人打开了没有被淼淼选择的也没有放置汽车的 A 门。从主持人的角度来说，他的这一举动没有告诉淼淼任何信息。

这时，主持人问淼淼："你还有一次改变主意的机会，要不要放弃已选择的 C 门而改选未打开的 B 门，以使赢得汽车的概率更大一些？"

淼淼此时的正确做法是，改变主意，选择紧闭着的 B 门，这样可以使她赢得汽车的概率从 1/3 上升至 2/3。为什么会是这样呢？

当主持人打开没有汽车的 A 门之后，就明白无误地告诉所有人一个信息：这辆汽车不在 B 门后面就在 C 门后面。也就是说，主持人的这一行为排除了 A 门后面有汽车的可能性，并将 B 门或者 C 门后面有汽车的概率从 1/3 提高到了 2/3。

到底是提高了哪扇门后面有汽车的概率呢，是淼淼选中的 C 门还是未选中的 B 门？如果是淼淼选择的 C 门后面有汽车的概率提高了，那淼淼就应该坚持自己当初的选择，不改变主意；如果是未选中的 B 门后面有汽车的概率提高了，淼淼就应改选 B 门。

仔细想想就会明白，淼淼选择 C 门已是历史事件，无论主持人做出什么举动，或说出什么提示性的语言，都不会对已成为历史的事件产生任何影响。也就是说当主持人打开没有汽车的 A 门时，并没有提高淼淼已选择的 C 门后面有汽车的概率，即 C 门后面有汽车的可能性还是保持不变，仍然为 1/3，而 B 门后面有汽车的概率则由当初的 1/3 变为了 2/3，实际上是将 A 门后面有汽车的概率转移到了 B 门上。

这个故事里所说的概率是其频率主义解释的实际应用。它并不是当事人纯粹的心理信念，而是有其客观基础的，所以，我们在对其进行分析时要全面地看待，要有逻辑性，切勿被表象迷惑而做出错误的论断。

史密斯的逻辑

非洲草原上的一个部落酋长抓住了三个不怀好意的、贸然闯入他的领地的入侵者：史密斯、汤姆斯和费奇。他们三个被分别关押在三间牢房里，彼此不通消息。

酋长决定明天释放他们当中的两个。究竟会释放哪两个，酋长已经做出决定并告知了看守这三个入侵者的狱卒——查马斯。当地法律明文规定：不允许狱卒向囚犯透露有关该囚犯的任何信息。

囚犯史密斯很清楚地知道他获释的概率是 2/3，但他是一个急性子，迫切地想知道更多消息，而最有效、最简单的方法莫过于直接询问看守他们的狱卒查马斯。查马斯刚走近关押史密斯的牢门，史密斯就以哀求的神态恳切地询问查马斯，明天自己能否被释放。

查马斯考虑到不管明天会不会释放史密斯，有一点是肯定的，即汤姆斯和费奇当中必有一人会获释。所以，查马斯对史密斯说："鉴于我们当地的法律，我不能回答你的问题，但我可以告诉你，你的同伴汤姆斯一定会被释放。"在查马斯看来，告诉史密斯"汤姆斯一定会被释放"等于没有向他透露任何与他有关的信息。

但是，当史密斯听到查马斯说"汤姆斯一定会被释放"后，认为自己获释的概率降低了，非常沮丧。因为史密斯是这样推想的：查马斯告诉他"汤姆斯一定会被释放"，汤姆斯就占去了其中一个获释的名额，而另一个可以获释的人不是自己就是费奇。对他而言，这是一个对等赌局，他和费奇谁也占不到便宜。这也就意味着他获释的概率由2/3降到了1/2。

对于同一句话"汤姆斯一定会被释放"，囚犯史密斯和狱卒查马斯却产生了两种不同的看法：查马斯认为这句话没有包含任何信息，而史密斯却认为这句话包含了对他不利的信息。那么，到底是谁的推断出错了呢？是查马斯的还是史密斯的？

著名统计学家莫斯泰勒给出的回答是：囚犯史密斯的推断是错误的。无论查马斯说不说"汤姆斯一定会被释放"这句话，史密斯获释的概率都是2/3。

无论史密斯是否被释放，汤姆斯和费奇之中必定有一个人会获释，这是史密斯可以推理得知的，查马斯只是将史密斯知道的事情告诉了史密斯而已。因此，史密斯的推断是错误的，查马斯的话并没有降低史密斯获释的概率。

如此看来，概率还真是一个有趣、重要而又扑朔迷离的课题，它在很多方面都发挥着重要作用，我们有必要去认识它、了解它，并正确运用它。但是我们决不能迷信它，因为对于生活中发生的某些事情，它不但派不上用场，甚至还会误导我们，诱导我们做出错误的论断。

不可滥用中立原理

前面我们已经讲了，概率是表示随机事件发生的可能性大小的量。那是不是说概率就是完全随机的呢？当然不是，我们在计算概率时，还是有规则可循的。

计算概率有三项基本原则，其完整描述如下：

两个或两个以上完全独立的事件都发生的概率为个别概率的乘积；

两个事件彼此排斥，至少一件事发生的概率是个别概率之和；

若某种情况注定要发生，则这些个别的独立的事件发生的概率之和等于1。

以第一个原则为例，抛硬币是一个独立事件。抛出一枚硬币，其落地后出现正面的概率为1/2，那么同时抛掷两枚硬币皆出现正面的概率是多少呢？按照这一原则进行计算，两枚硬币均出现正面的概率就是1/4（1/2×1/2=1/4），即概率值为0.25。同理，两枚硬币抛出后均出现反面的概率值也是0.25。

这些原则看起来似乎很容易，只需要将个别事件发生的概率相乘或相加就可以了，但在实际运用时，概率问题的复杂性还是会造成一些困难的，它会诱使很多人做出不利于自己的错误决策。

我们刚刚说了一枚硬币抛掷落地时，出现正面或者反面的概率都是1/2，那么将一枚硬币在平滑桌面上旋转之后，正面朝上和反面朝上的概率也都是1/2吗？按照抛硬币的推理思路，这一结论应该是成立的。但事实却并非如此，我们在旋转多次之后会发现，出现正面和反面的概率并不相同，这使得很多人都大吃一惊。

再综合地考虑一下，旋转硬币时出现这种正、反面概率不同的情况也是有理可依的。因为一枚硬币正、反两面图案的差别，将会导致两面重量分配不相等，也就会对硬币旋转出现的结果造成一定的影响。严格来说，在平面上旋转硬币猜正反面并不是一个完全公平的游戏。这是人们滥用中立原理的一个典型例子。

"中立原理"这一概念出自经济学家凯恩斯的《概率论》一书，其大致内容是：如果我们没有理由说明某事的真假，我们就选对等的概率来表明它的真实程度。它在应用时有一个前提，即事件发生的客观情况是对等的。

确实，正因为有了这一前提的限制，才使得中立原理在实际运用时并不是很容易。尤其是在一些无法确定是非的问题上，人们经常会犯滥用中立原理的错误。比如，有人问你："你知道火星上存在生命的可能性是多少吗？"你肯定不知道了，但是在掌握了概率的一些常识之后，你就会想：火星上存不存在生命无非只有两种可能——存在或者不存在，我们又没有正当的理由来说明这件事的真假，所以，依据中立原理你就会这样回答了："火星上存在生命的可能性是1/2。"

但是，那个提问者仍不死心，继续问道："火星上存在简单的细胞生命的可能性是多少呢？"同样依据中立原理，你还会回答："其可能性仍为1/2。"提问者还是没有停止提问，又接着问了："火星上存在植物生命的可能性是多少呢？""火星上存在低级动物生命的可能性是多少呢？""火星上存在哺乳动物的可能性是多少呢？"……

根据计算概率的三项基本原则的第一条原则，我们就可得出：火星上存在以上形式的生命的概率是1/16（1/2×1/2×1/2×1/2=1/16）。也就是说，火星上至少存在一种生命的可能性是1/16，这就与我们原先得出的"火星上存在生命的可能性是1/2"矛盾了。

中立原理曾被应用于科学、哲学、经济学和心理学等很多领域，人们经常会因忽略了它的运用前提而滥用它，从而导致它声名狼藉。例如，法国天文学家、数学家拉普拉斯就以这一原理为基础，计算得出第二天太阳升起的概率竟是1/1 826 214，多么离谱的答案，简直就是无稽之谈。可见，滥用中立原理会闹很大的笑话。

再次强调一点，中立原理的应用前提是：事件发生的客观情况是对等的。但不能因为某一问题的答案是二选一，你就想当然地认定出现其中一种答案的可能性就是1/2。比如，你买彩票，其结果无非中奖或者不中奖两种情况，但你却不能说你中奖的概率就是1/2。因为中奖概率与买彩票的结果有几种情况没有关系，而与该期彩票总的发行量有关。

第十章

相互矛盾的悖论

什么是悖论？

悖论，又叫逆论、反论，其含义非常丰富，从字面上看，指的是自相矛盾、讲不通、说不明的荒谬理论。本来可以相信的东西不能相信，而有的东西看起来不可信反而是正确的。但悖论又并非无稽之谈，在看似荒诞的理论之中又蕴含着深刻的哲理，给人以多方面的启迪。

悖论包括一切与人的直觉和日常经验相矛盾的数学结论，有点儿像变戏法，顺着它所指引的推理思路，开始你会觉得顺理成章，而后会不知不觉地陷入自相矛盾的泥潭，这就好比是走上了一条繁花似锦的羊肠小道。经过人们精密的、创造性的思考，矛盾被揭示之后，这道悖论难题又令人回味无穷，给人带来全新的思维与观念。

悖论的表现形式通常有三种：

一种论断看起来好像肯定是错误的，但实际上却是正确的；

一种论断看起来好像肯定是正确的，但实际上却是错误的；

一系列推理看起来好像无懈可击，却在逻辑上自相矛盾。

比如，颁发一枚勋章，勋章上写着：禁止授勋！或者发布一个告示，告示的内容是：不准涂写……

随着现代数学、逻辑学、物理学和天文学的快速发展，涌现出了不少全新的悖论，它们极大地改变了我们的思维和观念。

自相矛盾的悖论

艾毕曼德悖论是逻辑悖论中最古老、最典型的例子，它是 2500 多年前由一个叫艾毕曼德的克里特人提出来的。

传说，古希腊的克里特岛上住着一个叫艾毕曼德的年轻人。他熟谙哲学和医学，是克里特岛上的先知。

艾毕曼德曾轻蔑地说过这样一句话："所有的克里特人都是撒谎者。"寥寥数字却形成了一个让所有人都发蒙的悖论。

艾毕曼德说的这句话究竟是真是假呢？如果他说的是真话，即全部克里特人都是撒谎者，那么作为克里特人的艾毕曼德的这句话就是假话；如果他说的这句话是假话，那就意味着并非所有的克里特人都是撒谎者，包括是克里特人的艾毕曼德，就是说艾毕曼德的这句话有可能是真的。

一句话怎么会既是谎话，同时又是真话呢？这种说法太矛盾了，谁也说不清了。

理性的决策要靠逻辑推理，理性的思考当然也不例外。悖论就是自相矛盾的说法，在现实生活中可能是不存在的，却存在于逻辑领域中，主要用来挑战人类思考的协调一致性，以验证每个螺杆是否都配对了相应的螺帽。就如克尔恺郭尔所说的那样："悖论是思想者热情的源泉，没有悖论的思想者就像没有感觉的爱人，是毫无价值的平庸之人。"

所谓逻辑的内部一致性，就是指不论用什么方法，都无法有效地证明两个论述处于绝对对立的情况。如果两个论述经过分析是互相矛盾的，那肯定不会同时为真，这就好比向空中抛一枚硬币，落地后，它一定不会发生正、反面同时出现的情况。当然，这里说的是一般情况，排除特技表演中的硬币的币脊"立"在地上的特殊情形。

著名物理学家爱因斯坦是量子力学理论的提出者之一，但后来他发觉量子力学不完善，就花费了很长时间试图找到一个悖论来证明量子力学不具备一致性。但爱因斯坦失败了，量子力学到今天仍然存在。至今，寻找这个悖论的问题仍然困扰着许多物理学界的专家，而那些声称不感到困惑的肯定不是专家。

再回到艾毕曼德悖论。它一定就是一个无懈可击的不解之谜吗？难道真的没有跳出这个古典悖论的方法吗？答案是否定的。

跳出常人的思维模式，离开惯常的知识结构来看待这个悖论，艾毕曼德是说了所有的克里特人都是撒谎者，但这只能说明这句话的发出者——艾毕曼德是个撒谎者，却不能代表所有的克里特人都是撒谎者。所以，这样一分析的话，结论就是：艾毕曼德在说谎，他是一个彻头彻尾的撒谎者。

能够运用拓展性思维跳出这个令人头疼的悖论，确实值得表扬。但是，如果我们将艾毕曼德悖论的描述稍微做一下修改：将原句的"所有的克里特人都是撒谎者"，换成"这句话是谎言，我这个克里特人是个骗子"。这样一变换，刚刚整理清晰的思路又变模糊了，又绕回到原来的困境中了。因为这两句话有自我包容的特性，这也是艾毕曼德悖论的核心所在。这就解释了你为什么能跳出这一古典悖论——原来是艾毕曼德悖论设计得有点儿粗糙，使你钻了空子，但并没有影响其内涵的表达。

　　悖论读来有趣，也确实给许多人带来了快乐，却常常令伟大的科学家们感到苦恼，因为他们要用极其严肃、认真的态度对待它。科学应该是以严密的逻辑推理为基础的，是真实可靠的，容不得任何自相矛盾的命题或结论。但悖论却破坏了这种严密性，它的一些概念和原理之中还存在着矛盾和不完善或者说不准确的地方，有待科学家们进一步探讨和解决。

圣彼得堡悖论

圣彼得堡悖论是关于不确定性和无穷决策问题中最令人头痛的一个。科学家从实际出发，进行了诸多消解这一悖论的尝试，比如效用递减论、风险厌恶论、效用上限论和结果上限论等，但它们最终并没有解决这一问题。圣彼得堡悖论的理论模型不仅是一个概率模型，而且其本身就是一个统计的、近似的模型。当实际问题延伸至无穷大的时候，连这种近似也变得不可能了。

圣彼得堡悖论是瑞士数学家丹尼尔·伯努利的堂兄尼古拉·伯努利于18世纪提出的，它来自于一个赌徒与庄家玩掷硬币的游戏。悖论点就出现在赌徒的期望收益无穷大与赌徒参加该赌局的预付赌金是一个常数。

游戏规则为：赌徒先预交一定数额的赌金，才能拥有参赌的资格。交完赌金之后，赌徒向空中抛掷一枚没有被做过手脚的硬币。

若第一次掷出反面，赌徒什么也得不到，赌局终止；若第一次掷出正面，庄家给赌徒2元奖金，且赌局继续，赌徒再次掷硬币。

若第二次掷出反面，赌徒就只得拿着第一次掷出正面所得的2元钱退出赌局，赌局结束；若第二次掷出正面，庄家给赌徒4（2×2=4）元奖金，赌局继续，赌徒接着掷第三次硬币。

若第三次掷出反面，赌徒拿着之前所得的 4 元钱退出赌局，赌局终止；若第三次掷出正面，庄家给赌徒 8（2×2×2=8）元奖金，赌徒接着掷硬币。

……

依次类推，赌徒既可能运气不好第一次就掷出反面而退出赌局，也可能烧了高香，次次都掷出正面，看着奖金成倍成倍地滚进自己的腰包。问题是，赌徒最多肯付多少钱参加这个游戏？换句话说，就是庄家应将赌徒参加赌局的预付赌金设成多少元？

赌徒最多肯付的钱就是他对该游戏的期望值。那么，赌徒进行这个游戏的期望值是多少呢？答案是：无限大，赌徒肯付出无限量的金钱去参加这个游戏。即无论庄家将预付赌金设成多少元，赌徒都会觉得这个赌局始终是对自己有利的，哪怕倾家荡产也会投身其中。原因如下：

因硬币没有被做过手脚，所以硬币落地后，不是正面就是反面。即赌徒第一次掷出正面的可能性为 1/2，获得 2 元奖金的可能性也为 1/2。赌徒得 4 元奖金的条件是：第一次和第二次均掷出正面，即得 4 元奖金的可能性为 1/4。赌徒得 8 元奖金的条件是：第一次、第二次和第三次均掷出正面，即得 8 元奖金的可能性为 1/8……

假设赌徒需交给庄家的预付赌金为 x 元，则赌徒参加这场赌局的期望收益为：

$$2×1/2+4×1/4+8×1/8+……-x$$

很显然，减号前面是一个无穷级数的和，就是说进行这样一个赌局的期望收益为无穷大。换言之，无论庄家提出的预付赌金多高，赌徒在赌博与不赌博两个策略之间的合理选择都是前者。因为赌徒付给庄家的预付赌金是一个有限的数字，以一个有限大的付出博得一个无穷大的收益，当然是合算的。但实际上真的是这样吗？

肯定不是，要真是这样的话，开设这种赌局的庄家早就应该破产了。这个游戏实际上就形成了一个悖论。

在实际对局中，根据概率，赌徒想通过一长串的连续掷出正面来赢得一大笔奖金的可能性是极小，而失去预付赌金的可能性却是极大的。因此，在庄家提出预付赌金的数额较高的情况下，赌徒选择参加赌局是不明智、不合理的。

假设庄家提出的预付赌金为 20 元，那么赌徒损失 18 元的可能性为 1/2，损失 16 元的可能性为 3/4，损失 12 元的可能性为 7/8，损失 4 元的可能性为 15/16，而真正赢钱的可能性只有 1/16。

圣彼得堡悖论给予我们的启示主要有两点：

它揭示了人们思维系统自身的矛盾性和不完善性，劝诫我们在解决实际问题的时候，要高度重视决策理论的研究跟实践的关系，树立理论模型既源于实践又不同于实践的观念，而不要被理论模型蒙蔽了眼睛；

许多悖论问题可以归为数学问题，但同时也是思维科学和哲学问题，我们要多角度地对其进行考虑。

伯努利通过对圣彼得堡悖论的分析指出，在风险和不确定条件下，个人的决策行为准则（参加赌局的结果）对于参与者的价值并非是获得最大期望金额值（赌博结果的金钱值），而是为了获得最大期望效用值（参与者对某一结果的主观向往度，即参与者对它的心理价值）。

人不能保证做出的任何一次决策都是理性的，考虑问题的出发点不同，其决策与判断就存在着不同程度的偏差。因为人在不确定条件下做出的决策，不是依据客观的决策结果本身，而是依据自己对决策结果的心理期望。换言之，就是人们在做出决策时，总是以自己的视角或参考标准来衡量，以此来决定做出何种决策。

逻辑的套索

逻辑这个外来词，其英文拼写是 logic。简单地说，逻辑就是把一堆混乱的、无序的、本不相干的事物按一定规律、一定规则组合排列到一起，建立一定的联系的过程。

逻辑是一切演绎推理的基础。我们不得不承认它是有用的，也是有趣的，但这并不能保证它时时刻刻都让你放心。逻辑就像人们手里的套索，弄不好就会把自己套住。有时你会发现，正是这些似乎无懈可击的、严密的推理和论证把你送进了死胡同。到底是哪里出了问题？是你的推理过程有了漏洞，还是逻辑本身就隐伏着某种致命的缺陷？在这种情况下，我们就需要引入一个能对此做出解释的新概念——悖论。

悖论就是似是而非、似非而是、自相矛盾的逻辑命题。即如果承认这个命题成立，就能推出这个命题的否定命题成立；如果承认这个命题的否定命题成立，却又能推出这个命题成立。迄今为止，它仍令统计专家、决策理论学者们争论不休。

想不想测试一下你是否聪明，是否有逻辑头脑？看看下面这几个流传很广的常见悖论吧！

◇半费之讼

古希腊哲学流派中曾经有一个诡辩学派，又叫智者学派。但此学派一直没有得到苏格拉底、亚里士多德等哲学大师的支持。诡辩学派对自然哲学持怀疑的态度，认为世界上没有绝对不变的真理，著名哲学家普罗塔哥拉是其代表人物。

普罗塔哥拉设馆收徒，教人论辩之术，徒弟学成后可以帮人打官司以养家糊口。他收徒的规矩是：徒弟入馆时先付一半学费，另一半学费等学成后在第一场辩护胜诉时再付，如果败诉，则剩余的一半学费就不必再交了。

一天，普罗塔哥拉收了一个叫欧提勒士的学生。欧提勒士学成以后，迟迟不替别人打官司。这使得普罗塔哥拉一直收不到欧提勒士的另一半学费，于是普罗塔哥拉想了一个办法，他准备把欧提勒士告上法庭。

普罗塔哥拉是这样想的：如果我胜诉了，法官就会判欧提勒士付给我剩下的一半学费；如果我败诉了，也就是欧提勒士打赢了官司，那么根据入馆约定，欧提勒士也应当付给我另一半学费。因此，无论我赢还是输，欧提勒士都应当付给我剩下的那一半学费。

欧提勒士是长江后浪推前浪，青出于蓝而胜于蓝。他是这样认为的：如果我赢了官司，就说明对方的要求是不合理的，按照判决我不应该付另一半学费；如果我输了官司，根据入馆约定我也不必付另一半学费。总之，无论我赢还是输，我都不应当付另一半学费。

一场官司不可能原告和被告都赢。这就是著名的"半费之讼"。谁的说法有道理？他们都默认入馆约定和法院判决可以同时而且等效地来解决他们的纠纷。从逻辑上化解他们的矛盾的唯一办法就是选择其中的一个依据进行最终裁决。

◇鳄鱼悖论

一个年轻的妈妈带着她不满 5 岁的儿子到河边洗衣服。就在妈妈专心洗衣服的时候，一只鳄鱼偷偷地游近他们母子，从妈妈身边抓走了儿子。妈妈十分后悔没看好孩子，泪流满面地央求鳄鱼把孩子还给她。

这只鳄鱼也是一只小鳄鱼的妈妈，它也理解母亲失去孩子的痛苦，但眼睁睁地看着到手的食物飞掉，实在心有不甘，于是它对小孩妈妈说："谁让我也是妈妈呢，这样吧，你回答我一个问题，如果你答对了，我就把孩子毫发无损地还给你；要是你答错了，那就不要怪我不客气了。听好了，问题是：我会不会吃掉你的孩子？"鳄鱼是这样想的：小孩妈妈那么想抱回孩子，肯定会给我戴个高帽子，恭维我说"你不会吃掉我的孩子"。那样，就别怪我不给她机会了，我就可以心安理得地、美美地饱餐一顿了。

谁知，这个妈妈是那么的冷静，她思索片刻后回答道："你会吃掉我的孩子。"

鳄鱼蒙了："我该怎么办呢？如果我吃掉她的孩子，她就说对了，按照先前的承诺，我不该吃掉她的孩子，而应该把孩子毫发无损地还给她；要是我不吃掉她的孩子，她又说错了，按照先前的承诺，我应该吃掉她的孩子。无论我做出什么选择，怎么都与我的承诺相矛盾啊！"吃？不吃？吃？不吃？……可怜的鳄鱼陷入了神秘的怪圈之中。

趁着鳄鱼发呆的当口，妈妈抱起孩子跑掉了。

◇绞刑悖论

堂·吉诃德的仆人桑丘·潘沙跑到一个小岛上，成了这个岛的国王。他上任后颁布了这样一条奇怪的法律：每个异乡人到达这个小岛时都要回答一个问题：你来这里做什么？如果他答对了，就一切好办，还允许他在岛上游玩；要是他答错了，就要被绞死。

对于任何一个到达岛上的异乡人来说，只有两种选择：或是尽兴地玩，或是被岛上的本土人绞死。既然如此，那么会有人冒着被绞死的危险来岛上游玩吗？你别说，还真有不怕死的人。

一天，一个人大摇大摆地来到了岛上，照例他被岛上的人问了这个问题。这个人丝毫没有害怕，很从容地对问话人说："我来这里是为了被绞死的。"

问话人像鳄鱼一样蒙了：如果把他绞死，他的回答就是正确的，既然他答对了，就不该被绞死，而应该让他在岛上游玩；可是如果让他在岛上游玩，那么他的回答就错了，又应该把他绞死。无论怎么执行，都会破坏国王制定的法律。

为了做出决断，这个人被送到了国王桑丘·潘沙那里。国王思索再三，最后还是决定把他放了，并且宣布废除这条法律。

怎么样，看完上述几个悖论故事，你的逻辑思维也陷入两难的境地了吧？你很有可能会不到黄河心不死，还为自己争辩：这些都是谬论，是编造出来的，在现实生活中根本不可能发生。鳄鱼不会跟人讲道理，任何一个国家也不可能制定出那么古怪的法律……

当然，你的辩解也不是没有道理，我们的确不太可能被这些悖论所困扰。但是，对悖论的研究却不是没有意义的，正是它的神秘性才使得无数高明的哲学家与数学家为之绞尽脑汁，并引发了他们长期艰难而深入的思考，极大地促进了人类思想的深化、发展。

激励制度要与时俱进

猎手作为高级动物——人类的代表，当然要处处统率仅仅为动物身份的猎犬了。但本篇故事中的猎手却老是慢猎犬半拍，怎么回事？耐心看下去吧！

猎手带着他的猎犬，去森林深处猎取野兔。谁知兔子身体小巧，动作灵敏，猎犬追了好久都没有追到。高壮强大的猎犬的这一糗行受到了附近一只牧羊犬的嘲笑："瞧你怎么这样啊，真丢我们犬类的脸，连小小的兔子都跑不过。"

猎犬还真有宰相的肚子，大将的风度，对于牧羊犬的讥笑并不生气，拍拍前腿上的土，慢条斯理地说："这你就不懂了吧，我之所以追不上它，是因为我们两个跑的目的不同。我要是跑得慢追不上它，顶多是没有一顿饭而已。而它就不一样了，它要是跑得慢了，那可是丢性命的大事啊！"

猎犬和牧羊犬之间的对话被一旁的猎手听了个正着。猎手心想：猎犬说得很对，看来我要想得到更多的猎物，还非得想个激励猎犬的好法子才行。

苦苦思索了几天，猎手终于想到了一个办法：再买几条猎犬，让它们互相竞争。为了贯彻多劳多得的原则，猎手对猎犬说："捉到兔子的猎犬可以得到几根骨头作为奖励，而什么也没捉到的猎犬要为自己的懒惰付出代价，只有很少的骨头吃。"

此外，猎手还针对大兔子难捉、小兔子好捉的实际情况，为避免猎犬们投机取巧，特意叮嘱它们说："你们分得骨头的数量不仅要与捉到的兔子的数量成正比，而且还要与捉到的兔子的重量挂钩。"别说，这两招还真绝，猎犬们谁都不愿意看着别的猎犬有很多的骨头吃，而自己只有极少的骨头，于是，纷纷努力地去追赶兔子。

猎手看着猎犬们捉到兔子的数量和重量都增加了，十分开心。可好景不长，其中一只被其他猎犬称为"机灵王"的老猎犬对众猎犬说："我们为什么这么傻啊？！一年到头为猎手苦苦卖命捉兔子，用肥美的兔子仅换得几根骨头，为什么我们不能给自己捉兔子呢？"

一部分猎犬听了，觉得它说得有道理，就真正付诸行动，与"机灵王"一起离开猎手，翻身做主人，自己捉兔子自己享用。剩下的一些保守的猎犬还是觉得跟着猎手比较妥当，虽然过不上什么大富大贵的日子，但最起码饿不死。

眼看着自己的猎犬越来越少，猎手怎能无动于衷？他马上着手进行了厚待猎犬的制度改革，规定每条猎犬除了得到基本的骨头之外，还可获得占其所猎兔肉总量一定比例的兔肉作为额外奖励，而且该比例还随着猎犬猎龄的增加和贡献的变大递增。另外，猎手还从其他地区的猎手那里借鉴了一些提高猎犬捕兔技巧的经验，在主（猎手）仆（猎犬）的共同努力下，离开猎手的那部分猎犬被逼得叫苦连天，纷纷要求重返猎犬队伍。

只要生活继续，各种问题就会不断出现。那些猎龄大的老猎犬老得不能捉到兔子了，但仍然在无忧无虑地享受着那些它们自以为应得的大份食物。猎手再也不能忍受了，念着主仆一场，一次性给了老猎犬们一笔不菲的养老金，把它们扫地出门了。

姜还是老的辣，老猎犬们并未因被猎手逐出家门而破罐子破摔，而是用那笔数额还算比较大的养老金成立了猎神股份有限公司。它们开出优厚的条件招募那些离开了猎手的猎犬，向它们传授猎兔技巧，并从它们猎得的兔子中抽取一部分作为管理费。由于经营有方，一年后，猎神股份有限公司收购了猎手所有的猎犬。

人类最大的特点之一就是善于模仿，猎手用出售猎犬的钱也开了一家猎犬经纪公司，历经千辛万苦终于熬得与老猎犬们经营的猎神股份有限公司平起平坐了。就在两家公司平分秋色的时候，老猎犬们却做出了一个出人意料的决定——把猎神股份有限公司卖给猎手。猎手怎会放过这个垄断猎犬市场的绝好机会呢，欣然同意了。

可是猎手怎么也没有想到，出售猎神股份有限公司并不是老猎犬们一时头脑迷糊的冲动之举，而是有计划地实现了它们的成功转行。老猎犬们从此不再劳神费心地经营公司，转而玩起了笔杆子，自传《猎犬的一生》，励志书《猎犬成功秘经》《穷猎犬，富猎犬》……相继面世，不但版权费极高，利润可观，而且没有风险，可以使它们颐养天年，舒舒服服地过完自己的余生。

由此我们得出，激励制度也要与时俱进，倘若还用保守的眼光看待日益发生着变化的世界，照搬原来的套路来解决新问题，就会收到极低的激励效用。所以说，根据实际情况不断调整激励策略是比较好的用人之道、竞争之法。

第十一章

公共知识：大家都知道的知识

"鱼乐之辩"背后的故事

在阿拉伯国家，流传着这样一则谚语：

愚蠢的人无知，并且不知道自己无知——远离他；单纯的人无知，但知道自己无知——教育他；迷迷糊糊的人有知，但不知道自己有知——唤醒他；睿智的人有知，并且知道自己有知——追随他。

古希腊哲学家苏格拉底被人们认为是"世界上最聪明的人"之一。但他不明白自己何德何能，会被推崇为"世界上最聪明的人"。于是，他到处与所谓的"学富五车"的知识人对话。通过不断与他们对话，苏格拉底发现，自己与其他人的不同之处在于——"我知道自己无知"。

在《庄子·秋水》中记述了这样一段辩论故事。其原文如下：

庄子与惠子游于濠梁之上。庄子曰："鲦鱼出游从容，是鱼之乐也。"

惠子曰："子非鱼，安知鱼之乐？"

庄子曰："子非我，安知我不知鱼之乐？"

惠子曰："我非子，固不知子矣；子固非鱼也，子之不知鱼之乐，全矣。"

庄子曰："请循其本。子曰'汝安知鱼乐'云者，既已知吾知之而问我。我知之濠上也。"

我们把它翻译为现代汉语就是：

庄子与惠子在濠水的拦河堰上游玩。庄子说："鲦鱼在河水中悠闲自在地游来游去，这就是鱼的快乐啊！"

惠子说："你不是鱼，怎么知道鱼的快乐呢？"

庄子说："你不是我，怎么知道我不知道鱼的快乐呢？"

惠子说："我不是你，固然不知道你；但你本来就不是鱼，你不知道鱼的快乐，也是完全可以肯定的！"

庄子说："还是让我们顺着先前的话来说。你刚才说'你怎么知道鱼的快乐呢？'就说明你已经知道了我知道鱼的快乐才来问我，而我则是在濠水的拦河堰上知道鱼快乐的。"

庄子与惠子辩论的中心是，能否知道他人对某个事实的"知道"情况。庄子认为"能"，惠子则认为"不能"。然而，在他们的辩论过程中，存在着两人都认可的东西，如"子非鱼""子非我""我非子"。这些彼此都认可的东西就构成了庄子与惠子辩论的前提。对于这些已被认可的前提，庄子或惠子自己知道，并且知道对方知道，还知道对方知道自己知道……这是庄子与惠子之间的公共知识。

这个故事引出了博弈论中一个非常重要的概念——公共知识。

究竟什么是公共知识呢？要弄清什么是公共知识，我们必须首先搞清楚什么是知识。

所谓知识，是人们在认识、改造世界的实践中对某个事实的认识和经验的总和。我们说某人拥有某种知识，意指某人知道某个事实。"太阳从东方升起"是个事实，这个事实几乎已被所有人熟知，且人们也相信这个事实，于是"太阳从东方升起"构成了人们的知识。因此，知识的形成必须具备三个因素：

构成"知识"的对象必须是真实存在的，虚假、不存在的东西不能成为知识。比如在偏僻的农村，愚昧使人们相信人的疾病是由鬼怪引起的，巫婆通过某些迷信活动能够驱除病魔，达到治病的目的，这当然只是人们的一种错误的信念，而不是事实，所以它不构成知识；

某个人若拥有某种知识，就必须知道构成这个知识的事实。对于自然界中存在着的许多事实，我们并不知道，就不能说它们构成了我们的知识；

人们要相信他所知道的事实。如果他知道但并不相信某些事实，也不构成他的知识。

知道了"知识"的内涵，我们就不难理解"公共知识"的概念。所谓公共知识，是指某一个群体的知识，也就是构成一个群体的所有人"知道"的事实。

假定一个群体只有甲、乙两个人，两人均知道且相信一件事实 P，那么，我们就可以说 P 是甲、乙的知识。但此时并不能说 P 就是他们的公共知识，而只有当甲、乙双方均知道对方知道 P，并且他们彼此都知道对方知道自己知道 P 时，我们才可以说 P 成了甲、乙之间的公共知识。

如果这个群体是由多人组成的，就不单指任意两个人之间的这样一个双方"知道"某件事实的过程，还指群体当中每个人都知道该群体的其他人知道这个事实，并且其他人也知道其他的每个人都知道自己知道这个事实……这是一个无穷的"知道"过程。

谁的脸上有泥巴？

我们将用一个有趣的推理故事来说明什么是公共知识。

假设教室中有 n 个孩子围坐在一起，其中有 m 个孩子的脸上沾有泥巴。这些孩子除了看不到自己脸上是否有泥巴外，都能看到其他孩子脸上是否有泥巴。老师走进教室，对所有人说："你们中有人脸上沾有泥巴，有的没有泥巴，知道自己脸上沾有泥巴的孩子请举手。"

假定这群孩子个个都是逻辑学高手，都能够进行严密的逻辑推理，并且他们之间也没有进行信息交流。请问：当老师重复以上问话多少遍时，才会有孩子举手，以及有多少个孩子同时举手？这就是博弈论中著名的"脸上沾有泥巴的孩子"之谜。

为了便于推理，现在我们假定 n 为 10。

在老师未进入教室之前，这 10 个孩子所组成的群体拥有的公共知识为："任何一个孩子都具有逻辑推理能力""每一个孩子都听老师的话""老师所说的每一句话都是真的""每个孩子都不清楚自己脸上是否沾有泥巴"。

当老师进入教室，说"你们中有人脸上沾有泥巴"时，就增加了这个群体拥有的公共知识——在他们所组成的这个群体中，至少有一个小孩的脸上是沾有泥巴的。也就是说，"至少有一个小孩的脸上是沾有泥巴的"成了这10个孩子的新的公共知识，即每个小孩都知道这个事实，每个小孩也都知道其他任何一个小孩知道他知道这个事实……

老师接着说："知道自己脸上沾有泥巴的孩子请举手。"不管是有人举手，还是没有人举手，每个小孩都是能够观察到的。就是说，当老师说过这句话之后，有人举手或没有人举手现象的发生都会改变这个群体拥有的公共知识。

假设这10个孩子中间有1个孩子的脸上沾有泥巴，除了这个沾有泥巴的孩子不知道自己的脸上沾有泥巴之外，其他孩子都能够看到并且知道谁的脸上沾有泥巴。当老师说"你们中有人脸上沾有泥巴"后，脸上沾有泥巴的孩子看到其他孩子的脸上并没有泥巴，他自然会推理出结论：自己的脸上有泥巴。

而其他孩子根据现在掌握的信息和已有的公共知识是不能判断出自己的脸上是否沾有泥巴的，所以，当老师说"知道自己脸上沾有泥巴的孩子请举手"后，沾有泥巴的孩子马上就会举起手，而其他孩子则不会采取任何行动。

假如这10个孩子中有2个孩子的脸上沾有泥巴，尽管老师公布了"你们中有人脸上沾有泥巴"这个信息，但2个脸上沾有泥巴的孩子因看到另外有1个孩子的脸上沾有泥巴，所以他们不能据此得出自己的脸上是否沾有泥巴，其他8个孩子也同样不能得出自己脸上是否沾有泥巴。

因此，当老师第一次说"知道自己脸上沾有泥巴的孩子请举手"后，10个孩子都没有举手。这时，所有孩子都知道现在这个情况不是上面所说的只有1个孩子的脸上有泥巴的情况了，换句话说，就是这10个孩子当中至少有2个孩子的脸上沾有泥巴。

当老师第一次问话结束，所有孩子都没有举手时，这2个脸上沾有泥巴的孩子因只看到另外1个孩子的脸上沾有泥巴，马上推理得出自己的脸上沾有泥巴。所以，当老师第二次说"知道自己脸上沾有泥巴的孩子请举手"时，脸上沾有泥巴的 2 个孩子都举起了手。

如果这 10 个孩子的脸上都沾有泥巴，当老师第十次说"知道自己脸上沾有泥巴的孩子请举手"时，这 10 个孩子便会不约而同地举起手。

由上面的分析我们可以得出，这个"脸上沾有泥巴的孩子"之谜的答案是：假定一群孩子中有 m 个孩子的脸上沾有泥巴，老师第一次到第 m-1 次说"知道自己脸上沾有泥巴的孩子请举手"时，没有一个学生主动举手，这意味着他们都不清楚自己脸上是否沾有泥巴。当老师第 m 次说"知道自己脸上沾有泥巴的孩子请举手"时，m 个脸上沾有泥巴的孩子都举起了手。

对博弈而言，肯定存在着某些被大家共知的知识，即公共知识，而博弈均衡的产生也正是依赖于这些公共知识，只不过是不同博弈的公共知识不同而已。还可以确定的一点是，在博弈的过程中，大家的公共知识不是参与者知道的唯一内容，除此之外还存在着只有自己知道而别人不知道的内容。这可分为两种情况：一是有些知识博弈双方都知道，但不知道对方知道不知道，也不知道对方是否知道自己知道或不知道；另一种情况是，有些知识博弈的一方知道，而另一方不知道。

谎言的"保镖"

很久以前，有一个皇帝特别爱穿漂亮衣服，每隔一小时他就要换一套新衣服。人们提到他总是说"皇帝在更衣室里"。

有一天，两个骗子来到皇帝居住的皇城里，自称是织工，并到处散布消息说，他们能织出任何人都没有见过的、世间最美丽的魔布。用这种布做出来的衣服不仅华丽，而且还有一种奇怪的特性：任何不称职的或者愚蠢得不可救药的人都看不见这件衣服。

"这不正是我想要的衣服嘛！"皇帝心想，"穿上了它，我不仅可以看出哪些大臣不称职，还可以很容易地辨别出哪些人是聪明人，哪些人是傻子。"皇帝马上下令把那两个骗子召进了宫，并给了他们许多金子，让他们马上开始工作。

两个骗子架好织布机，整天煞有介事地在织布机旁忙碌着。其实他们的织布机上一点儿布的影子都没有。

皇帝迫切地想看看这种布是怎么织出来的，但是他又有点儿担心。于是，皇帝派了自己最忠诚的宠臣去检查工作的进度。"这个人肯定能看出布料是怎么做出来的，因为他很有头脑，而且谁也不像他那样称职。"

　　然而，这位宠臣来到那两个骗子的工作地点后，惊呆了，眼睛睁得有碗口那么大："天啊，我什么也看不见！难道我是愚蠢的人吗？难道我不胜任自己现有的职位吗？这是多么可怕的事情啊！这可千万不能让其他人知道。"那两个骗子用上一些新鲜名词，把他们所谓的"布"的稀有的色彩和花纹绘声绘色地描述了一番，又请求大臣走近一点儿，指着那两架空空的织布机问他，布的花纹是不是很美丽，色彩是不是很漂亮。

　　"啊，美极了！真是美妙极了！"宠臣对骗子所描述的布赞不绝口。

　　"您一点儿意见也没有吗？"一个骗子问道。

　　"是的，多么美的花纹！多么美的色彩！我要呈报皇帝说我对于织出的布料感到非常满意。"

　　回去后，那位宠臣将骗子的话一字不漏地汇报给了充满期待的皇帝。两个骗子又趁机向皇帝要了很多金子，说是为了织布的需要。他们把金子都装进了自己的腰包，连一根线也没有放到织布机上去。只是他们依然在空空的机架上工作到深夜。

　　皇帝决定亲自去看一看衣服制作的过程。当一行人陪着皇帝来到两个骗子工作的地方之后，皇帝同样被眼前的情景惊呆了，"这是怎么一回事儿呢？我什么也没有看见！难道我是一个愚蠢的人吗？"皇帝简直不敢相信这个"事实"。

　　"皇帝请看，多么美丽的花纹！多么美丽的色彩！"随行官员都指着他们以为别人一定会看得见的这种新奇的"布料"，大加赞赏。"真美丽！真精致！真是好极了！"每个人都随声附和着。

　　皇帝也开始怀疑自己是愚蠢的人，但也不敢表露自己的"愚蠢"，"啊，它真是美极了！"皇帝说，"我十分满意！"

　　为了表示对新衣服的满意，皇帝还特意要搞一次盛装游行。

　　在盛装游行的头天晚上，两个骗子整夜没睡，点起 16 支蜡烛，加班加点地赶制皇帝的新衣。只见他们先是把"布"从织布机上取下来，然后在空中挥舞着两把大剪刀裁了好一阵子，最后坐下来用没有穿线的针缝了一通。"谢天谢地！新衣服终于缝好了！"两个骗子齐声说道。

盛装游行那天，皇帝脱掉了原来的衣服，骗子们装模作样地给他穿衣服。"这衣服轻柔得像蜘蛛网一样，穿着它的人会觉得好像身上什么东西都没有似的——这也正是衣服的妙处。"骗子时刻不忘自圆其说。

"上帝，这衣服多么合身啊！式样裁得多么好看啊！"大家议论纷纷。"多么美的花纹！多么美的色彩！这真是一套贵重的衣服！"

盛装游行开始了，皇帝穿着所谓的"新衣服"走出宫殿，骄傲地昂着头，向他的臣民们致意。全城的人都听说了这件奇异的新衣，都知道只有聪明的人才能看到新衣，愚蠢的人是看不到的。"乖乖，皇帝的新装真是漂亮！"大家谁也不愿意让别人知道自己看不见任何东西，因为这样就会暴露自己不称职，或是太愚蠢。

就在这个时候，一个小孩突然说："可是皇帝什么都没穿啊！"

这一声无疑使人们心中的石头落了地。于是，大家私下传播着这个天真无邪的小孩的真话。人们开始相信小孩说的话是真的了。"皇帝真的是没有穿衣服呀！"最后所有的老百姓都这样说。

皇帝有点儿发抖，因为他似乎觉得老百姓所讲的话是对的。但他没办法就此回头，回头就意味着承认自己的无知，"我必须把盛装游行举行完毕"。因此他摆出一副更骄傲的神态，更加高傲地向前走去。

在这个童话中，骗子们正是利用信息不对称要弄了这个国家的人们。只有骗子们才知道，所谓的"皇帝的新衣"，其实并不存在，什么也没有。而"看不见新衣的人是愚蠢的"只是一句谎言，但众人却不知道这是一个谎言，也不知道其他人也看不见新衣这个信息，只知道"我看不见衣服"。正是这种不对称信息的存在，才上演了"皇帝的新衣"这样的闹剧。

对臣民们来说，"皇帝什么都没穿"是每个人都知道的事实，是每个人都拥有的知识。但是，每个人都不知道其他人是否知道这个事实，拥有这个知识。同时，每一个人都知道，只要自己不说，其他人就不知道他知道这个事实。这就使得"皇帝什么都没穿"这一知识并没有成为皇帝和臣民们的公共知识。

这里有一个虚假的前提，即骗子们编造的谎言：看不见新衣的人是愚蠢的。所以，每个人都尽量不让其他人发现自己没有看见皇帝的新衣。此时，所有人都在说着假话，说自己看见了新衣服。这就是一个均衡，一个说谎的均衡。由于所有人都刻意隐瞒了自己所看到的"皇帝什么都没穿"的事实，而导致这个众所周知的事实无法成为公共知识。

然而，当小孩说出"可是皇帝什么都没穿"时，就捅破了那一层窗户纸。童言无忌，小孩不懂得大人们之间的这个说谎的均衡，他是不会说假话的。他说出了大家想说而不敢说的事实。当小孩的话传到每个人的耳朵里时，原来的均衡被打破了，"皇帝什么都没穿"便成了公共知识。

尽管这只是一个逗人开心的童话，却有着深刻的现实意义。在日常生活中，由于种种原因，我们也经常像故事中的大人们一样，盲目轻信、人云亦云、口是心非，并因此遭人愚弄，所以我们都需要听到那一声"可是皇帝什么都没穿"的提醒。

悲剧是如何发生的?

在一个极其偏僻的村庄里，居住着 100 对夫妇。在这里，并非男人说了算，而是女人掌权，女人对一切事务都具有至高无上的决定权。

这个村庄还有一个约定俗成的惯例：倘若某个女人发现自己的丈夫出轨，做出了对自己不忠的行为，她就可以毫不犹豫地在发现的当天将他杀死，以泄心头之恨。当然，这种特权施行的前提是女人必须握有确凿的证据，可证明自己的丈夫的确对自己不忠。

这个前提的存在，使得村庄里出现了这样一种情况：当某个女人发现某个男人对他的妻子不忠时，她不会将这一情况告诉那个不忠男人的妻子，而只会告诉除她（不忠男人的妻子）之外的其他女人，并且女人们之间会相互传递这个信息。其最后结果是，某个男人不忠，除了其妻子不知道外，村庄里的其他女人对此都心知肚明。

而实际情况是：这个村庄里的所有男人都对其妻子不忠。但是，因为女人们都不会将自己知道的实情告诉不忠男人的妻子，所以，每个女人生活得都很知足，都认定自己的丈夫没有做出对自己不忠的事情。这就使得村庄里没有发生过一起妻子处决丈夫的事件。

村子里有一位辈分很高且德高望重的孤寡老太太，很受村民们的爱戴。每天都会有村民向她汇报村庄里发生的一切，因此，她对村庄里的所有情况都了如指掌。当然，她也知道村庄里的所有男人都不忠于自己的女人，而其他女人却不知道她所知道的。

然而有一天，这位老太太当着村庄里100个女人的面，说了一句听起来很平常的话："在全村100个男人当中，至少有一个是对他的妻子不忠的。"在场的所有女人面面相觑，都默不作声。接着，村庄里发生了一件骇人听闻的怪事：在老太太宣布这句话后的99天之内，村庄里风平浪静，相安无事。可是到了第100天，村庄里发生了一场惨烈的大屠杀，所有妻子都杀死了她们的丈夫。

整个故事情节就是这样的。为什么会这样呢？为什么不是在老太太宣布的当天而是在她宣布的第100天才发生这样的悲剧呢？

其实，这是一个推理的过程。女人们的策略是：如果老太太所说的那个不忠于其妻子的男人是她的丈夫的话，她就杀死他；如果没有掌握足够证据来证明她的丈夫不忠，她便相信他，不杀死他，继续相安无事地过日子。

在老太太宣布的第一天，如果村庄里有且只有一个男人对其妻子不忠的话，这个男人的妻子在听到老太太的话之后就应该知道。因为她会做这样一番推理：如果这个不忠的男人不是她的丈夫而是其他男人的话，她应当事先就知道，既然事先不知道并且老太太又说村庄里至少有一个男人不忠，那么这个不忠的男人肯定就是她的丈夫。所以说，如果村庄里只有一个男人不忠，那么在老太太宣布的当天，这个男人必将会被其妻子杀死。

如果村庄里有两个男人不忠于其妻子，那么，这两个男人的妻子在老太太宣布的第一天，都不会怀疑这个不忠的男人是自己的丈夫，因为她事先就知道另外一个男人对其妻子不忠。但是，第一天过后，当她发现那个不忠的男人没有被其妻子杀死，那么她就会这样推测：肯定有两个男人是不忠于其妻子的，因为倘若只有一个不忠的男人，那么在老太太宣布的第一天，她知道的那个不忠的男人就会被他的妻子杀死。既然有两个男人不忠，这两个不忠男人的妻子会想，她只知道不忠男人当中的一个，那么另一个肯定就是她的丈夫……

因为村庄里的 100 个男人都是不忠于其各自的妻子的，所以按照女人们以上的推理思路，可将这个博弈持续到第 99 天，在这 99 天之内，100 个女人都没有怀疑自己丈夫对自己不忠，或者说是怀疑了但却没有证据来证明他的不忠。而到第 100 天的时候，100 个女人都肯定地推断出她的丈夫不忠于自己。于是，村庄里便上演了这场大屠杀悲剧，所有男人都被他们的妻子杀死了。

对村庄里的所有女人来说，在老太太未宣布之前，"至少有一个（男人）是对他的妻子不忠的"是每个女人都知道的事实，是所有女人拥有的知识，但这个知识尚且不是一个公共知识。老太太的宣布使得"至少有一个（男人）是对他的妻子不忠的"这个知识成为了由 100 个女人所组成的群体里的公共知识。于是，女人们的推理博弈过程就开始了，她们理性地博弈了 99 天，最后都确定了自己丈夫的不忠行为，并按照村里的惯例杀死了他们。

公共知识在很大程度上左右着博弈参与者的策略选择。比如，有长远眼光的商人在开发市场上推销从未有过的新型消费品之前，都喜欢对与其相关的消费理念进行大肆宣传，以使这种新的消费理念成为公众的一种司空见惯的常识，而这种常识一旦形成，商人就可以无后顾之忧，大把大把地收钱了。其实，我们每天做出的很多决定，都是根据人们所共知的常识做出的。

"教 – 学"之间的均衡

　　每个人都有老师，且不同阶段有不同的老师：小学有小学老师、中学有中学老师、大学有大学老师……并且在同一时期又有教授不同知识的老师，有数学老师、语文老师、化学老师……这是人人皆知的事情，没有什么特别的地方。我们要说的也并不是这些，而是要对"学生 – 老师"的知识结构做一分析。经过分析我们会发现：教育有着特别的知识结构。

　　究竟教育有什么样的知识结构呢？众所周知，学校的老师知道自己作为老师应该掌握的某些知识，学生们也知道他们的老师掌握了他们想学的那部分知识，同时，老师也知道学生们知道自己拥有他们想要学习的某些知识。也就是说，老师知道某些被要求的知识是老师和学生之间的公共知识，同时也可以说是全社会的公共知识。我们用 K1 表示作为公共知识的"老师知道某些被要求的知识"。

　　学生们除了知道他们的老师掌握了他们想学习的知识外，并不知道他们的老师还掌握了教纲要求之外的其他课外知识，学生们对这些课外知识的无知也成了公共知识。也就是说，老师知道学生对这些知识（作为老师应该掌握的学生必学知识之外的其他知识）的无知，这是学生、老师乃至全社会的公共知识。我们用 K2 表示作为公共知识的"学生不知道的某些课外知识"。

正因为有上述知识结构和两个公共知识的存在，才形成了我们现在所看到的老师站在讲台上，传授知识，而学生坐在课桌前，接受知识。"教－学"构成了一对博弈均衡。如果没有我们上面提到的知识构成，就不会形成"教－学"的均衡。

这样的均衡是一个永久存在的均衡，任何时候都不会被打破吗？当然不是。既然"教－学"均衡存在的前提是公共知识 K1 和 K2 的存在，那么我们可以这样说，一旦作为前提的知识构成被打破，则"教－学"之间的均衡关系就不存在了。

我们所说的"知识构成被打破"包含以下两种可能的情况：

第一种情况是，K1 不是公共知识，可能是因为老师不具备作为老师应掌握的某些知识，也可能是学生或社会不知道老师具备这些知识，即"老师知道某些被要求的知识"没有成为全社会的公共知识。那么，"教－学"均衡就不存在了，老师就没有资格站在讲台上。

另一种情况是，通过一定时间的学习，老师将学生想要学习的知识传授给了学生，学生也掌握了老师讲授的东西。在这种情况下，"教－学"之间的均衡也会被打破。

在这里值得一提的是，K1 和 K2 只是"教－学"均衡形成的必要条件，而非充分条件。也就是说，K1 和 K2 的存在，可以促成"教－学"均衡的形成，但并不能说"教－学"均衡的形成一定是由于 K1 和 K2 的存在。

逻辑推理的妙用

豪斯和汉纳都是李老师的学生。一天，李老师跟他们俩做了一个"老师的生日为哪天"的趣味推理游戏。游戏的具体情况如下：

李老师的生日是 X 月 Y 日，并且为下列十天中的某一天，这十天分别为：

3 月 4 日，3 月 5 日，3 月 8 日；

6 月 4 日，6 月 7 日；

9 月 1 日，9 月 5 日；

12 月 1 日，12 月 2 日，12 月 8 日。

李老师把 X 值，即生日的月份告诉了豪斯；把 Y 值，即生日的日期告诉了汉纳。然后李老师就问他们是否知道自己的生日是哪一天。汉纳摇摇头，说："不知道。"汉纳话音刚落，豪斯就说："本来我不知道的，现在我知道了。"汉纳眼珠一转，说："噢，现在我也知道了。"

答案是 6 月 4 日。

你知道是怎么回事吗？让我们来具体分析一下吧。

根据汉纳的回答"不知道"，我们可以确定李老师的生日绝不是 6 月 7 日，也不是 12 月 2 日。推理过程如下：

从上面给定的十个日期中我们可以得知，李老师生日的日期为1日、2日、4日、5日、7日、8日中的某一天。其中，1日、4日、5日、8日在这十天中各出现了两次：即9月1日和12月1日，3月4日和6月4日，3月5日和9月5日，3月8日和12月8日。而2日和7日只出现了一次：即12月2日、6月7日。

李老师把生日的日期告诉了汉纳。如果日期为2日或7日，那么汉纳就可以马上确定出李老师的生日为12月2日或者是6月7日。因为2日或7日在给定的十天当中只出现了一次。如果李老师告诉汉纳的日期为1日、4日、5日或8日，汉纳就无法根据自己掌握的信息推知李老师的生日具体为哪一天。因为这四个日期在给定的十天当中均出现两次。所以说，如果汉纳的回答是"知道"，就表明李老师的生日是12月2日或者是6月7日，而他的回答是"不知道"，我们就可排除这两个日期。

豪斯根据汉纳的回答"不知道"，说"本来我不知道的，现在我知道了"，我们可以得到，李老师的生日只能是6月4日。具体推理如下：

李老师把生日的月份告诉了豪斯，就是说，豪斯知道了李老师的生日在3月、6月、9月或12月中的某一个月。但是，3月、6月、9月、12月这四个月中每个月都有两个或三个可能的日期：

3月有3月4日、3月5日和3月8日三个可能的日期；

6月有6月4日、6月7日两个可能的日期；

9月有9月1日、9月5日两个可能的日期；

12月有12月1日、12月2日、12月8日三个可能的日期。

因此，虽然李老师告诉了豪斯他生日的月份，但是因为在给定的十天中，每个月份中都有两个或两个以上的日子，比如李老师告诉豪斯他的生日在3月，3月中有三个可能的日期：3月4日、3月5日和3月8日，致使豪斯无法根据已知的生日月份来推断出李老师的生日具体为哪一天。这也是豪斯回答的"本来我不知道"的原因所在。

但是汉纳的回答"不知道"，使得豪斯排除了李老师的生日为 6 月 7 日和 12 月 2 日的可能性。此时，李老师生日的可能日期就由原来的十个减少为了八个，这八个日子分别为：

3 月 4 日，3 月 5 日，3 月 8 日；

6 月 4 日；

9 月 1 日，9 月 5 日；

12 月 1 日，12 月 8 日。

豪斯在听到汉纳说"不知道"后，说"现在我知道了"即表明：他能够确定出李老师生日的具体日期，即 Y 值了。而在上面四个月份中，唯有 6 月份有一个可能的日期——6 月 4 日，其余的月份都有两个或三个可能的日期。

假如李老师的生日不在 6 月份，而在 3 月、9 月或 12 月这三个月份当中的任何一个月，那么豪斯是不能确定地说他知道了李老师的生日是哪一天的。只有李老师的生日在 6 月份，豪斯才能回答说"现在我知道了"。根据豪斯的回答"现在我知道了"表明：李老师的生日只能在 6 月，也就是 6 月 4 日。

汉纳在听到豪斯说"现在我知道了"后也说"现在我也知道了"，表明汉纳也根据上述推理过程推算出了李老师的生日为哪一天。

"李老师的生日为下列十天中的某一天"，这个给定的条件是双方的公共知识。X 值，也就是生日所在的月份为豪斯的知识；Y 值，即生日的日期为汉纳的知识，X 值和 Y 值不是他们俩的公共知识。当汉纳回答说"不知道"之后，"李老师的生日不是 6 月 7 日和 12 月 2 日"便成了他们之间的公共知识。而当豪斯说"本来我不知道的，现在我知道了"之后，"6 月 4 日是李老师的生日"便成了他们之间的公共知识。

　　理智的聪明人懂得运用逻辑推理得到某件看似复杂的事情的真相，逻辑推理正是人们在博弈过程中经常会运用到的一种重要的思维方式。

第十二章

信息时代，如何打好信息战？

揣着明白装糊涂的策略

经济人拥有完全信息是传统经济学中的一个十分重要的基本假设。但在现实生活中，市场主体因种种原因不可能掌握完全的市场信息，大多数情况下，博弈双方的信息都不对称。

信息不对称理论认为：市场中卖方比买方更了解有关商品的各种信息。一般而言，掌握信息较多的一方往往处于有利的地位，可以通过向信息贫乏的一方传递非真实信息而在市场中获益；而信息贫乏的一方则处于不利的地位，但他会努力地从另一方那里获取信息。

信息不对称会损害信息相对贫乏的一方的利益，为减少信息不对称对经济产生的危害，政府应参与其中，在市场体系中发挥强有力的调控作用，促使社会经济向着公平、公正的方向发展。

一个古董商去一个偏僻的农村淘宝。在一个农户家里，他突然发现农户家地上搁着的猫食碗是一个极其珍贵的茶碟，商人的奸诈使得他并未将得知这一信息的喜悦表露于脸上，而是装作若无其事的样子逗起了边上正在闭目养神的猫，一副对这只猫喜爱有加的样子。过了一会儿，古董商向这家主人表示他非常喜欢这只猫，想买下它。

猫主人不卖，古董商迫切地想得到那只珍贵的猫食碗，不惜再次提高本来就已很高的价钱。最后，古董商给猫开出了天价，猫主人才同意将猫卖给这个古董商。

买猫生意成交之后，古董商装作很随意的样子对这家主人说："这个猫食碗它已经用惯了，一只碗也值不了多少钱，就一块儿送给我吧。"猫主人这次坚决不干了，一口回绝说："这可不行，你知道我用这个碟子已经卖出多少只猫了吗？！"

这就是一个典型的信息不对称博弈的例子。古董商掌握了"猫食碗是古董"这个信息，还自作聪明地认为猫主人不知道，这种信息不对称对自己有利。可事实恰好相反，猫主人不但知道，而且还将计就计，大赚了一笔，这才可谓是真正的"信息不对称"！

任何一个人都不可能对所有的事情全知全觉，遇到信息不对称的困境几乎是不可避免的，那么，应该怎样减少信息不对称造成的劣势呢？最有效的一点就是博弈参与者在行动之前，要尽可能多地掌握相关信息，建立自己的信息库。比如，人类拥有的知识、经验等，都是十分有用的信息。虽然我们并不知道将来会发生什么情况，但是掌握的信息越多，正确决策的可能性就越大。

因循守旧只会自取灭亡

在一局博弈中，信息掌握得越多越好，但事物也是不断变化的，博弈参与者千万不要死守着信息越多越好这个原则不放，而是要具体问题具体分析，及时更新信息，淘汰已经过时的信息。

从前，有一个靠卖草帽养家糊口的人，有一天他叫卖归来，感觉很累，刚好路边有一棵大树，他就把草帽放在树下，靠着树打起了瞌睡。等他醒来时，吓了一跳，放在身旁的草帽全部不翼而飞了。他抬头一看，发现树上有很多猴子，并且每只猴子的头上都戴着一顶草帽。怎样才能从猴子手里夺下草帽呢？硬抢肯定不行，追不上猴子不说，就算追得上，可那么多猴子，它们总不会等着他一个一个去追吧？

突然，他想起猴子有一种习性——喜欢模仿人的动作。于是，他试着举起自己的左手，猴子果然也学他的样子举起了左手；他举起双手，做了一个伸懒腰的动作，猴子也跟着照做。接下来，他漫不经心地把自己头上的草帽摘下来丢在地上。众猴哪知是计啊，同先前一样，也跟着纷纷将自己头上的草帽丢在了地上，卖草帽的人高高兴兴地捡起草帽回家了。

回家后，他将这件事当作笑话讲给他的儿子和孙子听。若干年后，卖草帽人的孙子继承了家业。爷爷与猴子的事重演了，当他也在一棵大树下休息时，猴子又抢走了他的草帽。孙子想到爷爷曾经告诉他的方法，就不慌不忙地取下自己头上的草帽扔在地上。可是，结果却不是爷爷告诉他的那样，猴子非但没有照做，反而有一只迅速地把他扔下的草帽捡了起来逃走了，跳到树上的猴子得意地对他说："骗谁啊！你以为只有你有爷爷啊？"

这则寓言告诉我们：要不断淘汰过时信息，获得最新信息。其实，古人所说的"知己知彼，百战不殆"中的"知己知彼"强调的就是博弈中的信息对称，这是正确决策的前提；而紧接其后的"不知彼而知己，一胜一负；不知彼，不知己，每战必殆"中所说的"不知彼而知己"和"不知彼，不知己"都指的是我们在博弈中信息不对称，在此基础上所做的决策恐怕就难以取得胜利。

"知己知彼，百战不殆"是一种现实的人生智慧，是一种制胜方略，适用于社会生活的各个领域。无论我们身处何种博弈之中，都应该从多角度、多渠道获取对方的信息，而不能僵化保守，像寓言中卖草帽人的孙子那样使用静态的思维、运用已被淘汰的信息做出导致自己失败的决策。

打好信息战，用好离间计

信息不是一个固定不变的常量，而是每一个时刻都在发生着变化的变量。既然如此，我们就应把握住和利用好它的这个特点，通过不断调整自己的信息策略，让对手对我们的信息无从掌握，更谈不上跟上我们的变化。只有这样，才能保证对手永远无法知道我们下一步将要如何行动，从而让自己永远处于主动地位；也只有这样，才能一方面掌握对手的信息和策略，另一方面隐藏自己的信息和真实意图。这似乎有点儿不按规矩出牌的意思，但这恰恰是十分有效的信息博弈策略。

秦相范雎曾提出了著名的远交近攻的外交策略，当时秦国连续攻韩，秦昭王派大将白起攻打韩国，占领了野王（今河南沁阳），使韩国上党郡（今山西和顺、榆社以南，沁水流域以东地）和以韩都城新郑（今河南中部）为中心的韩本土完全隔绝。

韩桓惠王在秦军凌厉的攻势之下焦头烂额，想献出孤悬的上党郡向秦求和。韩上党郡郡守冯亭不愿降秦，但又无力抗秦，为促成与赵国联合抗秦的局面，就把韩上党郡十七县献与了赵国。赵接受了上党郡的降附之后，遣名将廉颇带领重兵进驻战略重镇长平（今山西高平西北），以便镇抚上党之民。

赵国虎口夺食置秦国霸权于不顾，深深激怒了强秦。于是，秦以此为借口派左庶长王龁率大军转而进攻长平。于是，秦、赵长平大战爆发了。

老将廉颇率赵军主力抵达长平后，立即向秦军发起攻击。由于秦军势重，赵军连战不利，二鄣四尉皆失，损失颇大。极富实战经验且老成持重的廉颇鉴于敌强己弱、初战失利的形势，及时改变战略方针，决定转攻为守，将军队有组织地撤回到丹河东岸，准备依靠占据的有利地形——除有水宽谷深的丹河可凭外，还有大粮山、韩王山两大制高点，可鸟瞰丹河两岸数十里，敌我动静，了如指掌——构筑城垒固守，以图挫秦军锐气，使其陷入疲惫之中。

秦兵虽然勇武善战，多次挑战，怎奈廉颇行军持重，坚筑营垒，迟迟不与秦兵决战。两军对峙于长平三年之久，仍难分胜负，大大削弱了秦军的进攻势头，秦国君臣将士个个焦躁万分，却又束手无策。

秦军远道而来，粮草辎重补给艰难，难以持久；而赵军则以逸待劳，补给可源源不断而来，又有上党吏民的全力合作与支持。这就决定了秦军最好采取速战速决的策略，赵军则以打持久战为上策。

秦相应侯范雎清醒地认识到了两军继续相持下去对秦军不利，作为出色的谋略家，他很快找到了问题的症结。秦军若想打破僵局，速战速决，必须设计除掉老将廉颇。

于是，范雎遣一心腹门客，从便道进入赵国都城邯郸，携千金向赵国权臣行贿，且散布流言说："秦之所恶，独畏马服子赵括将耳，廉颇易与，且降矣。"（意思是：秦军最惧怕的是马服君赵奢之子赵括，廉颇老而怯，容易对付，现已不敢出战，就快要投降了。）从这时起，秦国与赵国之间的信息博弈便开始了。

赵孝成王年少气躁，军事知识贫乏，对于先前廉颇连吃败仗、损兵折将已经不满，又认为廉颇后发制敌、坚壁固守的战略为不敢战，更加急不可耐，因而听信秦所施离间计的谣言，疑心大起，竟不辨真伪走马换将，让纸上谈兵的赵括取代了老将廉颇。

局势正式进入了信息博弈的对局中，赵王所接受的信息是：为战胜秦军，应该任用赵括为将，他成了不对称信息博弈中虚假信息的承受者，而这正是范雎所用反间计要达到的效果。秦国实际上是真实信息的掌握者：赵国若继续任用廉颇为将，则秦国的取胜之路将十分艰辛。因此，秦国就要想方设法让赵国易将。

赵括虽精通兵法，但徒读经文书传不知变通，只会空谈兵法，毫无实战经验，而且赵括本身就是刚愎自用、好胜逞强之辈。他刚上任，就一反老将廉颇的部署，全盘放弃了廉颇坚壁固守的战略战术，而且还任意更换了将校，调换防位，一时间弄得全军上下人心浮动，战斗力下降。

范雎探知赵国已入圈套——命赵括为赵将，便向秦昭王奏议，暗中派武安君白起为上将军，而表面统帅王龁却为尉裨将，并约令军中："有敢泄武安君将者，斩！"范雎之所以要秘密调换，目的就是使敌松懈，以期出奇制胜。

白起是战国时期无与伦比、久经沙场的名将，一向能征惯战、智勇双全。这样，战争形势就由以久经沙场、老成持重的廉颇为主将的赵军，对以年轻气盛、缺乏实战经验的王龁为主将的秦军的格局，转变为了由以年轻气盛、缺乏实战经验的赵括为主将的赵军，对以久经沙场、老成持重的白起为主将的秦军的格局。这就注定了战局向着利于秦而不利于赵的方向发展，弱赵与强秦三年僵持、平衡的局面终将被打破。

白起到任后，面对没有实战经验只会纸上谈兵，又鲁莽轻敌、听信谣言、高傲自恃的对手赵括，决定采取后退诱敌、困敌聚歼的战略方针。他特做了如下部署：

命前沿部队担任诱敌任务，在赵军进攻时，佯败向主阵地长壁撤退，诱敌深入；

利用长壁地形纵深构筑袋形阵地，将主力配置于此，准备抵挡赵军的进攻；

组织一支精锐突击队，揳入敌人先头部队与主力之间，伺机割裂赵军，以消耗赵军有生力量并挫伤其锐气；

另以精兵二万五千人埋伏在两侧翼，插到赵军的后方，切断其退路，完成对其合围；

最后用骑兵五千秘密潜入赵军防御阵地中，很好地牵制和监视留守军士。

两军交战，战争态势果然按着白起预计的方向发展。赵括在不明虚实的情况下，贸然出兵攻击秦军。秦军佯败后退，赵括大喜过望，穷追不舍，当前进到秦军的预定阵地——长壁后，遭到了秦军主力的顽强抵抗，攻势大大受挫。赵括见中了奸计，打算退兵，但被秦军暗中所设的两翼骑兵挟制，断了粮草，被围困于长平。秦军又派轻骑兵不断骚扰赵军，赵军连战不利，战势十分危急，被迫就地构筑营垒，等待救援。秦昭王闻报，亲临河内督战，把全国 15 岁以上的壮丁悉数调往长平，倾全国之力与赵作战。

赵军陷于重围达 46 天，饥饿不堪，士兵甚至割死尸，宰战马，自相杀戮以取食，惨不忍睹。赵括迫不得已，重新集结部队，集中所有精锐部队分成四队，轮番突围，不遂，赵括本人也被乱箭射死。

长平一战，赵括军队大败，40 万士兵投降白起。但白起奸诈，认为"前秦已拔上党，上党民不乐为秦而归赵。赵卒反覆，非尽杀之，恐为乱"。于是除年老年幼者 240 人放还赵国报信外，其余全部坑杀，用以震慑赵人。这恐怕是中国古代战争史上最为悲惨的一页。

统兵打仗不仅是力量的交锋，更是两军主将智力的博弈。为了取得胜利，每一方都会想方设法布下各种各样的陷阱，若稍有疏忽，便会全军覆没，赵王正是中了范雎所施的离间计，任命毫无实战经验的赵括领军，在关键的信息博弈一环上输给了秦国，战争的结局也就可想而知了。

招聘者与求职者的较量

找工作是一个初涉社会的毕业生要面临的大事，但在人才市场上，招聘者与求职者之间不可避免地存在着信息不对称，这直接影响着双方能否达成合作的博弈结果。其实，能否求职成功的关键就在于求职者如何有效地向招聘者传递自己的受教育情况、工作经历等信息，让招聘者通过这些信息相信你是一个值得雇用的好员工。

美国经济学家迈克尔·斯宾塞以研究劳动市场上的信息不对称问题而闻名于世，并因此获得了 2001 年诺贝尔经济学奖。根据斯宾塞的信息不对称理论，人才市场是一个严重的招聘者和求职者之间信息不对称的市场。

虽然招聘者向求职者提供了介绍本企业的宣传单，求职者也向招聘者提供了介绍本人的个人简历，但宣传单和个人简历上所包含的信息一般都是一些双方都极容易获得的公开信息，比如企业的历史、规模，求职者的年龄、学历、毕业学校、所学专业等。而对于双方都想了解的对方的一些隐私信息就不是那么容易获得了，像企业的财务状况、人性化程度，个人的实际能力、性格与爱好、勤奋程度等，这些往往是很难通过企业宣传单或个人简历获得的。

招聘者总想找到最好的雇员，但他们掌握的有关求职者真正工作能力的信息比较少，因而无法雇用到最好的、最适合的员工；求职者想找到好的工作，但他们掌握的有关招聘企业实力方面的信息比较少，所以经常错失一些好的就业机会。这就是双方信息不对称造成的就业困难。

在求职过程中，大部分情况是求职者向招聘单位提供了详细的个人资料，而招聘单位却对自己的具体情况透露得很少，更有甚者是概不透露。求职若渴的应聘者因对招聘单位的信息掌握不全而难以做出自己的选择，或者做出错误的选择，这种情况有悖于人才市场设计的双向选择的初衷。

那么，在信息不对称的人才市场的求职博弈中，求职者究竟要采取什么策略才更有利于成功就业呢？其秘诀无外乎就是我们刚开始提到的——求职者要努力向招聘单位发出自己的信号，让对方通过这些信号相信你是不可错失的、最值得雇用的好员工。

◇要传递真实信息

如果求职者靠虚假或不存在的等级证书、毕业证书向招聘单位吹嘘自己，一般情况下是很难逃脱那些久在人才市场负责招聘的人力资源部门老将的火眼金睛的，即使是侥幸蒙混过关了，谎话也总有被揭穿的一天，到时经历一场惨痛的教训是不可避免的，但更得不偿失的是你的个人信誉将大打折扣，很可能会成为你以后成功就业的最大绊脚石。

信息不对称的情况不是教唆人说假话，而是提倡人要讲真话。求职者宁肯暂时找不到工作，也不要"老虎嘴里拔牙"，用虚假的信息欺骗招聘单位。

◇要包装适当，突出特色

我们现在所讲的包装绝非指靠美容、整容、穿名牌衣服等方式来打扮自己（那样就像给伪劣品包一层美丽的包装纸一样，会事与愿违），而是指给自身能力的"充电"。用斯宾塞的话说，"包装自己就是向雇主发信号，传递自己的信息"。

现代大学生早已学会了许多包装自己的方法，如考各种证书——英语四六级、计算机二三级、注册会计师、驾照等，用这些硬件来向招聘单位显示自己的能力，还有就是编写并印刷精美详尽的个人简历。

一般来说，一份封面设计别出心裁的求职简历，肯定比千篇一律的普通简历要引人注目。如果当中用以介绍个人的文字能主次分明，针对用人单位的实际需求，突出自己在这方面的特长，也肯定比洋洋洒洒、眉毛胡子一把抓的文字更能抓住招聘者的眼球。

当然，这种做法只适用于应聘过程前期的"过五关斩六将"，而对后期验证真实能力的"走麦城"一关就不灵验了。但是，也不能因此就小觑这种别出心裁、与众不同的做法的敲门砖作用。

◇要注意细节

精心包装了，特色也彰显了，但不等于万事俱备了。求职者在大面做好的前提下，千万不可掉以轻心，要特别注意应聘过程中的每一个细节，因为细节决定成败。

比如得体的打扮（一般情况下应聘时要穿职业装，女士最好化淡妆等）、文明的举止（说话音量要适当，言辞要有礼貌等）、面试要守时……求职者在与招聘者接触的整个过程中都是在不断地向招聘单位传递信息，所以不可粗心大意。

但要提醒的一点是：注意细节并不等于做作。做作就会显得虚假，也不会得到招聘者的好感。

在人才市场上，要使招聘单位了解并认可自己，关键是要不失时机地彰显自己的特色，亮出自己的核心竞争力，让招聘者知道自己的特长所在。这就使得求职者要根据应聘职位的要求向招聘者传递自己适于这一工作的优势。

　　比如，你去应聘会计师，就要重点强调自己工作的认真仔细，并在简历中详细地写清楚自己成功地把一堆乱账理清的案例。总结成一句话，就是向招聘者传递的信息要有针对性，有特色，而不能一般化，这是成功推销自己的关键。

拍卖，玩的就是心跳

何谓信息呢？简单来说，信息就是消息。读过的书、经历过的事情、看到的万物、听到的别人的经验……这些都是信息。对人类而言，人的五官就是信息的接收器，它们所感受到的一切都可以称为信息。正像一位专家所说的，"信息就是信息，它既不是物质，也不是精神"。

但是，随着社会的不断发展，还有大量的信息是我们的五官不能直接感受到的，人类正通过发明各种科学仪器去感知、去发现。信息可以交流，也可以储存，更重要的是信息可以供人类在决策时使用。

对于信息不对称条件下的拍卖问题，美国哥伦比亚大学荣誉教授威廉·维克瑞创立了维克瑞拍卖法，即二级密封价格拍卖法。

提起拍卖，我们通常想到的是传统的拍卖会，也叫英式拍卖法。其情形大致是这样的：一个拍卖师站在台上，一只手举着一件交易物，另一只手拿着一柄用以定价的拍卖锤，而台下是等着出价的竞买者。竞买者轮流叫价，谁出价最高，交易物就归谁。买主最后实际支付的价格就是他叫出的最高价格。

可是，这种拍卖规则有一个弊端，就是它会使得竞买者出于自己的利益考虑而说假话，交易物不能以竞买者心中的最高估价卖出。

比如，一个竞买者的底线价是 100 万元，但只要次高价叫到了 90 万元，他只要出 91 万元就能拿下在他心中价值 100 万元的拍卖物，他自然就不会叫价 100 万元了。由于是公开竞价，英式拍卖法还极易出现竞买者们合谋压价的围标现象。如何解决英式拍卖法的这一弊端，让竞买者叫出他们心中的真实价格呢？这就要提到我们所要说的维克瑞拍卖法了。

针对上述问题，维克瑞教授稍显身手，运用信息经济学原理设计了一个新的拍卖机制——维克瑞拍卖法。

维克瑞拍卖法的规则是：通过不公开招标，让每个竞买者把愿意出的价格写在纸上，并装入信封，密封后交给卖主。当所有信封都被打开后，出价最高的竞买者得到该交易物，但实际支付的价格却是低于他的投标价格的次高价，即实际支付第二拍卖价格。

这个机制会诱使每个竞买者都如实地透露自己愿意支付的真实价格，因为出价多少将直接影响自己能否得到交易物，但对实际支付价格并没有影响。这种拍卖法现已被广泛用于许多商品的拍卖。

例如，有一件古董需要拍卖，现场围了许多竞买者。每一个竞买者在心中都会对这件古董做出一个价值评价。但是，卖主不知道各个竞买者的价值评价，每个竞买者也不知道其他竞买者的价值评价。

英式拍卖法进行拍卖的过程我们前面已经讲过了，在此不再赘述。接下来，我们要分别讲一下其他两种拍卖法：一级密封价格拍卖法和维克瑞拍卖法。

一级密封价格拍卖法的拍卖规则是这样的：每个竞买者都将自己的出价写到纸上，并装入一个信封内，密封后交给卖主。卖主拆开信封，比较价格，将古董卖给出价最高的竞买者，这位竞买者实际支付的也是这个最高价。

相比英式拍卖法而言，这种拍卖法可有效避免围标现象的出现，但不足的一点是它也不能以竞买者心中最高的评价价值卖出交易物，因为竞买者不会老老实实地写下自己心中的最高评价价值，而会写下比自己心中的最高价值略低的价格，以期获取价值与价格之间的差额收益。相反，如果他写下心中的最高评价价值，人的贪婪本性会使他觉得即使成交也并无赚头。所以，大家都会不约而同地写下比自己心中的最高评价价值略低的价格。

维克瑞拍卖法的拍卖规则的设计就有效地修正了上述两种拍卖方法的缺点，它不仅可以避免公开竞买下竞买者的围标，也可以弥补一级密封价格拍卖法的缺陷——诱使竞买者安安分分地开出自己心中的真实评价价值。

对每一个竞买者来说，因为是以次高价作为购买交易物的实际支付价格，此价格不会随他开出的价格而变化，因此只要他开出的价格越高，获胜的可能性就越大。但是，出于生意人的精明，他绝不会开出比自己心中的评价价值更高的价格，做得不偿失的买卖，所以他会老老实实地写下自己对这件古董的最高评价价值。

在维克瑞教授设计的拍卖机制下，说实话比不说实话好。竞买者开出的真实评价价值与实际支付的次高价之间的差额就变成了对说实话人的奖励。20 世纪 70 年代，美国联邦政府的工作人员活学活用，用维克瑞拍卖法进行公共工程的招标，为美国联邦政府节省了大笔开支。

在现实经济竞争中，有些商品的电视广告只有明星的表演，而并无此商品的价格信息，也没有其售货地点信息，这是什么用意呢？这也可以用信号传递博弈原理进行解释。

在人们的常规意识里，商品之所以要打广告，其目的就是向消费者介绍该商品的功能特点，并传递一些必要的购货信息，如商品的价格、出售地点等。但现代广告并不局限于此，更多的是为了引导消费者消费，创造新的消费理念。

尤其是在对新产品进行市场推广时，其商业广告通常会完全颠覆传统广告中传递产品信息的做法，取而代之的是一位当红的电影或电视明星用此产品表演一番，当然展示一下产品商标还是必要的。其目的就是利用广大消费者的"追星"心理开拓产品的消费市场。

商家请当红明星做产品代言人，就向外界传递了两个信号：

此产品一定不错，要不怎么明星都用它呢？这样一来，不用花太多口舌介绍产品的功能信息，这位明星的"粉丝"们就一定会迫不及待地抢购去了。

由于请的是当红明星，其出场费一定不是小数目，这可以传递给消费者这样一种暗示：此企业是实力强、生产好产品的企业，而请不起当红明星做代言人的同类产品是不好的产品，甚至是伪劣产品。

所以商家并不在乎明星在广告中说了什么，更不在乎广告中是否会介绍产品的功能、价格等信息，他们想要的是明星效应。